电工电子技术项目化教程

主　编　杨迎新　费冬妹
副主编　安春燕　张秀梅　乔月音
参　编　郭维家　高赫鑫　翟　朗

北京理工大学出版社
BEIJING INSTITUTE OF TECHNOLOGY PRESS

内 容 简 介

本书根据目前应用型本科及高职高专人才培养实际需求编写，突出应用型人才培养的目标。本书在具体内容安排方面，强调从接近生活的项目入手，由项目引出相关知识内容，坚持实践为主、理论够用的原则，理论性和实践性都很强。

本书共 13 个项目，主要涵盖的知识点有直流电路、正弦交流电路、三相电路、电动机及控制、常用半导体器件、基本放大电路、集成运算放大器及其应用、数字电子技术基础、组合逻辑电路、触发器与时序电路、集成 555 定时器等。每个项目包含项目引入、知识储备、课堂习题、项目实施、项目拓展 5 个部分。

本书可供应用型本科非电专业及高职高专类工科学生使用，也可供相关工程技术人员参考。

图书在版编目（CIP）数据

电工电子技术项目化教程／杨迎新，费冬妹主编
. --北京：北京理工大学出版社，2022. 10
ISBN 978-7-5763-1788-6

Ⅰ．①电…　Ⅱ．①杨…②费…　Ⅲ．①电工技术-教材②电子技术-教材　Ⅳ．①TM②TN

中国版本图书馆 CIP 数据核字（2022）第 195545 号

出版发行／	北京理工大学出版社有限责任公司
社　　址／	北京市海淀区中关村南大街 5 号
邮　　编／	100081
电　　话／	(010) 68914775（总编室）
	(010) 82562903（教材售后服务热线）
	(010) 68944723（其他图书服务热线）
网　　址／	http://www.bitpress.com.cn
经　　销／	全国各地新华书店
印　　刷／	涿州市新华印刷有限公司
开　　本／	787 毫米×1092 毫米　1/16
印　　张／	15.5
字　　数／	361 千字
版　　次／	2022 年 10 月第 1 版　2022 年 10 月第 1 次印刷
定　　价／	89.00 元

责任编辑／吴　博
文案编辑／李　硕
责任校对／刘亚男
责任印制／李志强

前 言

FOREWORD

本书根据普通高等教育的特点和要求，结合编者多年的教学经验编写而成。在编写过程中，编者力求讲清基本概念，减少数理论证，坚持理论必需和够用的原则，注重实际应用，重点介绍电工、电子元器件的外部特性和使用等内容，讲解深入浅出，通俗易懂。

本书立足实际，教学内容适应新形势，理论性和实用性强。本书共 13 个项目，涵盖的知识点有直流电路、正弦交流电路、三相电路、电动机及控制、常用半导体器件、基本放大电路、集成运算放大器及其应用、数字电子技术基础、组合逻辑电路、触发器与时序电路、集成 555 定时器等。每个项目均包含项目引入、知识储备、课堂习题、项目实施、项目拓展 5 个部分，便于教师引导和学生自学。

本书的特点如下。

(1) 通俗易懂。本书在教学内容的安排上遵循实践为主、理论够用的原则，理论难度较小，内容浅显易懂，语言精练简洁，逻辑性强。为了能把复杂的理论讲得通俗易懂，本书以项目做引导，让学生带着任务去学习。

(2) 任务驱动。本书采用"项目导向、任务驱动"的教学理念，选取生产生活中常用的项目作为学生学习的切入点，激发学生学习兴趣，注重学生能力的培养。

(3) 条理清楚。本书无论是从各项目内容安排上，还是从各小节内容组织上，条理都比较清楚。对于一些比较复杂的内容，分层叙述，重点突出，这样可以使学生更加清楚地理解所介绍的内容。

本书由华北理工大学迁安学院杨迎新、费冬妹担任主编，由华北理工大学迁安学院安春燕、张秀梅及贵州食品工程职业学院的乔月音担任副主编，华北理工大学迁安学院由郭维家、高赫鑫及吉林工商学院翟朗担任参编。具体分工如下：杨迎新编写项目 1～项目 4，费冬妹编写项目 10～项目 12，安春燕编写项目 5 和项目 6，张秀梅编写项目 7 和项目 8，郭维家编写项目 9，高赫鑫编写项目 13，乔月音和翟朗负责收集材料，校对内容。

在本书的编写过程中，编者参阅了国内外大量相关文献，在此对相关文献的作者表示衷心的感谢。

由于编者水平有限，书中难免存在疏漏之处，恳请广大读者批评指正，提出宝贵的意见。

编 者

目　录

CONTENTS

项目1 万用表的使用

在日常生产生活中，人们会遇到各种形式的电路，电路会出现各种各样的故障，而万用表是能够快速测量电路中电流、电压等各种物理量，检测及排除故障的最基本工具。万用表是一种多功能、多量程的测量仪表，可以测量直流电流、直流电压、交流电流、交流电压、电阻、电容等。

1.1 电路的基本概念

1.1.1 电路的组成和作用

简单地说，电路就是电流流通的路径。为了达到某种使用目的，将某些电工、电子器件或设备按一定的方式相互连接，构成电路。

下面通过简单的实例来介绍电路的组成和作用。

在图1-1所示的简单照明电路中，电池把内部储存的化学能转换成电能供给白炽灯，白炽灯再把电能转换成光能。在图1-2所示的扩音器电路中，话筒输出的信号经过放大器放大后传给扬声器。从以上两例中可以总结出电路的组成和作用。

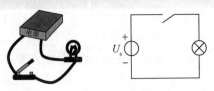

图 1-1　简单照明电路

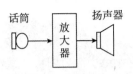

图 1-2　扩音器电路

1. 电路的组成

电路一般由电源、负载及一些开关、导线等中间环节组成，各环节的作用如下。

（1）电源：将非电形态的能量转化为电能的供电设备，如干电池、蓄电池、发电机等。

（2）负载：将电能转化为非电形态的能量的用电设备，如白炽灯、电炉、电动机等。

（3）开关：用来控制电路的接通和断开。

（4）导线：将电源、开关、负载连接成闭合回路，从而对电能进行传递、分配和控制。

2. 电路的作用

在图 1-1 中，电池的作用是将化学能转换为电能，白炽灯的作用是将电源提供的电能转换为光能。在图 1-2 中，话筒为信号源，是输出信号的装置；扬声器是负载，是接收和转换信号的装置；放大器为中间环节，将微弱的信号（放大、调谐、检波等）处理后，推动负载工作。这一类电路电压较低，电流和功率较小，习惯上称之为弱电电路。它的作用是进行电信号的传递和处理。

电路的作用有如下两种。

（1）输送或转换能量。

（2）传递和处理信号。

▶▶▶ 1.1.2　电路的基本物理量

电路中的基本物理量有电流、电位、电压、电动势及电功、电功率等。

1. 电流

电流是由电荷的定向移动形成的。单位时间内通过电路某一横截面的电荷量称为电流。大小和方向均不随时间变化的电流称为恒定电流，又称直流电流；大小随时间变化但是方向不随时间变化的电流称为脉动直流电流；大小和方向都随时间变化的电流称为交流电流，如图 1-3 所示。按照国家标准，不随时间变化的物理量用大写字母表示，随时间变化的物理量用小写字母表示。

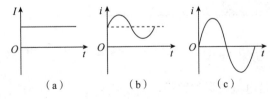

（a）　　　　　　（b）　　　　　　（c）

图 1-3　直流电流、脉动直流电流与交流电流

（a）直流电流；（b）脉动直流电流；（c）交流电流

在直流电路中，电流用 I 表示，即

$$I = \frac{Q}{t}$$

随时间变化的电流用 i 表示，其等于电荷 q 对时间 t 的变化率，即

$$i = \frac{\mathrm{d}q}{\mathrm{d}t}$$

电荷量 Q 的单位为库仑（C）、时间 t 的单位为秒（s）、电流的单位为安培，简称安（A），常用的单位还有微安（μA）、毫安（mA）、千安（kA）等，其换算关系如下：

$$1\ \mathrm{kA} = 10^3\ \mathrm{A} = 10^6\ \mathrm{mA} = 10^9\ \mu\mathrm{A}$$

规定正电荷运动的方向为电流的实际方向。在电源内电路中，电流从电源负极流向电源正极；在外电路中，电流从电源正极流向负极。电流方向可以作为判断电源和负载的依据。

2. 电位

电场力将单位正电荷从电路某一点移至参考点消耗的电能称为电位。电路中的电位具有相对性，电位的高低、正负都是相对于参考点而言的。理论上规定参考点的电位为 0，其他各点的电位值均要和参考点相比，高于参考点的电位为正值，低于参考点的电位为负值。在直流电路中，电位用字母 V 表示，单位为伏特，简称伏（V）。

原则上，电位参考点可以任意选择。在物理学中，一般以电源的负极或电子元件汇集的公共端作为参考点，在电路图中用 ⊥ 表示。在工程上一般选大地为参考点，在电路图中用 ⏚ 表示。

3. 电压

电压是衡量电场力对电荷做功本领大小的物理量。电场力将单位正电荷从电路某一点移至另一点消耗的电能称为这两点间的电压。电压在数值上就是这两点之间的电位差，而某点的电位就是该点与参考点之间的电压。两点的电压就等于两点的电位差，即 $U_{ab} = V_a - V_b$。在直流电路中，电压用 U 表示。电压的单位为伏特，简称伏（V）。常用的单位还有微伏（μV）、毫伏（mV）、千伏（kV）等。其换算关系如下：

$$1\ \mathrm{kV} = 10^3\ \mathrm{V} = 10^6\ \mathrm{mV} = 10^9\ \mu\mathrm{V}$$

电压方向规定为从高电位指向低电位，即电位降低的方向。在电路图中，一般在元件两端或电路的两点用"+"和"-"标注，表示电压的极性。"+"端为高电位端，"-"端为低电位端。若电压的实际方向未知，可以先假定一个参考方向。电压的参考方向可以任意假定，如果参考方向与实际方向相同，则电压为正值，反之为负值。

在对电路进行分析和计算时，原则上电压和电流的参考方向都可以任意指定，一般将元件上的电压和电流的参考方向取为一致，称为关联参考方向，否则称为非关联参考方向，如图 1-4 所示。

图 1-4　关联参考方向与非关联参考方向

（a）关联参考方向；（b）非关联参考方向

在分析电路时，如果 U 和 I 的参考方向一致，则欧姆定律表示为

$$U = IR \tag{1-1}$$

如果 U 和 I 的参考方向不一致，则欧姆定律表示为

$$U = -IR \tag{1-2}$$

4. 电动势

在电源内部，外力将单位正电荷从电源的负极移至正极反抗电场力所做的功，称为电源的电动势，用 E 表示，单位为伏特，简称伏（V）。

电动势方向从电源负极指向电源正极，即电位升高方向，与电源电压的实际方向相反。

电动势和电压的主要区别：电动势存在于电源的内部，是衡量电源非电场力做功能力的物理量；电压存在于电源的内部和外部，是衡量电场力做功能力的物理量。电动势的方向从电源的负极指向电源的正极，即电位升高的方向；电压的方向从电源的正极指向电源的负极，即电位降低的方向。

5. 电功

电流具有做功的能力，可以使电动机转动、日光灯发光。电流做的功称为电功，用 W 表示。电流做功的过程就是将电能转换为其他形式的能量的过程，其做功大小为

$$W = UIt \tag{1-3}$$

电功的单位为焦耳，简称焦（J）。式（1-3）表明电流在一段电路上所做的功，与电路两端的电压、流过电路的电流和通电时间成正比。

电功在数值上还等于时间 t 内所转换的电功率（P），即 $W = Pt$。

在工程应用中，电功的计量单位为千瓦时（kW·h），1 千瓦时即 1 度电，与焦耳的换算关系为

$$1 \text{ kW} \cdot \text{h} = 3.6 \times 10^6 \text{J}$$

6. 电功率

电流在单位时间内所做的功称为电功率，用 P 表示，单位是瓦特，简称瓦（W）。根据定义可知

$$P = UI \tag{1-4}$$

电源产生的电功率为 $P_E = EI$，而电源输出的电功率为 $P_S = U_S I$，负载取用的电功率为 $P_L = U_L I$。

负载的大小通常用负载取用功率的大小来表示，如用电设备铭牌上的电功率就是负载的额定功率，是对用电设备能量转换能力的度量。例如，标有"220 V，100 W"的白炽灯，当两端加 220 V 电压时，可在 1 s 内将 100 J 的电能转换为光能和热能。

电功率有正负之分，当电压、电流取关联参考方向，且元件消耗的电功率为正值时，说明元件在电路中是取用电功率，是负载。当元件消耗的电功率为负值时，说明元件在电路中提供用电功率，是电源。

1.1.3 电路的状态

电路在不同的条件、时期会处于不同的状态，电路的状态主要有通路、开路、短路 3 种。

1. 通路

开关接通，电路为一个闭合回路，电路中有电流流过，此时电路的状态为通路，电源的状态为有载，如图 1-5 所示。

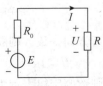

图 1-5 通路

1）通路状态的主要特征

（1）电流的大小由负载决定，即

$$I = \frac{E}{R_0 + R}$$

（2）电源输出的功率由负载决定，即

$$UI = EI - I^2 R_0$$

在一个电路中，电源产生的功率和负载取用的功率及内阻上损耗的功率是平衡的。

（3）当电源有内阻时，电路中电流越大，内阻消耗的功率越大，负载取用的功率就越小。

2）电源与负载的判别

在实际电路中，电源的作用不一定是发出功率，其很可能充当负载的角色；同理，负载有时也可能充当电源的角色。不能根据电路中元件的电气符号就判断该元件是电源还是负载，而是要进行具体分析。下面给出两种判别电源和负载的方法。

（1）根据 U、I 的实际方向判别。

电源：U、I 实际方向相反，即电流从"+"端流出，此时电源发出功率。

负载：U、I 实际方向相同，即电流从"−"端流出，此时负载取用功率。

（2）根据 U、I 的参考方向判别。

如果 U、I 参考方向相同，$P = UI > 0$，则此元件是负载；$P = UI < 0$，则此元件是电源。

如果 U、I 参考方向不同，$P = UI > 0$，则此元件是电源；$P = UI < 0$，则此元件是负载。

3）电气设备的额定值

电气设备在工作时，其电压、电流和功率均有一定限额，其表示了电气设备的正常工作条件和工作能力，称为额定值。额定值反映了电气设备的使用安全性及电气设备的使用能力。

例如，灯泡的 $U_N = 220\ V$，$P_N = 60\ W$，电阻的 $R_N = 100\ \Omega$，$P_N = 1W$。

使用时，电压、电流和功率的实际值不一定等于它们的额定值。当电源电压一定时，电源输出的功率决定于负载的大小。电源不一定处于额定工作状态，电气设备分为以下3种运行状态。

（1）额定工作状态。此时电流等于额定电流（$I = I_N$），功率等于额定功率（$P = P_N$）。电气设备各物理量的实际值都等于额定值。此工作状态是最理想的，用电经济合理，设备安全可靠。

（2）过载（超载）状态。此时电流大于额定电流（$I > I_N$），功率大于额定功率（$P > P_N$）。这种工作状态将引起电气设备的损坏或者降低电气设备的使用寿命。

（3）欠载（轻载）状态。此时电流小于额定电流（$I < I_N$），功率小于额定功率（$P < P_N$），这样也会损坏设备，造成电功的浪费。

2. 开路

开关断开或电路中某处断开，断开部分的电路中没有电流，也没有能量的输送和转换，则这部分电路所处的状态被称为开路，如图1-6所示。

图1-6　开路

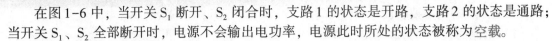

在图 1-6 中，当开关 S_1 断开、S_2 闭合时，支路 1 的状态是开路，支路 2 的状态是通路；当开关 S_1、S_2 全部断开时，电源不会输出电功率，电源此时所处的状态被称为空载。

开路状态电路的主要特征如下。

（1）开路的支路中没有电流，即电流 $I = 0$。

（2）开路电压 $U_0 = E$。

（3）电源空载时，电源不输出电能，即 $P = 0$。

3. 短路

电路或电路中的一部分被导线（电阻忽略不计）或开关短接起来，使得该部分电路中的电流全部被导线或开关旁路，则这部分电路所处的状态被称为短路。如图 1-7 所示，当 S_1 闭合、S_2 断开时，支路 1 的状态是短路，支路 2 的状态是通路；当 S_1、S_2 全部闭合时，电源被短路。

图 1-7　短路

短路往往会形成很大的电流，损坏供电电源、线路或用电设备。如果电路中所有负载都被短路，则电源产生的电功率将全部消耗在电源的内电阻和连接导线的电阻上，这时电源所处的状态被称为短路。电源短路可能将电源、导线、设备等损坏，应绝对避免。

短路状态电路的主要特征如下。

（1）电源输出电压 U 等于 0。

（2）电路电流 I 等于短路电流 I_S，即 $I = I_S = E/R_0$。

（3）电源产生的功率全部消耗在内阻上，电源输出的功率 $P = 0$。

1.2　电路的电位表示法

1.2.1　电路的电位表示法概述

电路中某点的电位，即该点与参考点之间的电压，而电路中任意两点之间的电压等于两点间的电位差。当电路中电子元件较多时，可以将电路中的电源用相对电位来画出，即不画出电源元件，只是在电路中标明电源正极相对于参考点的电位。

在图 1-8（a）所示电路中，选定 d 点为参考点后，用电位的形式表示即可简化为图 1-8（b）所示的形式。

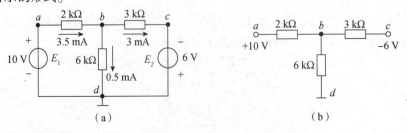

图 1-8　电路示例

使用电位来分析电路，可使电路更加清晰明了，分析问题更加简便。

1.2.2　电路中电位的计算

计算电路中某点的电位，必须选定参考点。下面以图1-8（b）所示电路为例讨论电位的计算。

选择 d 点为参考点，即 $V_d = 0$ V，则

$$V_a = U_{ad} = 10 \text{ V}$$
$$V_b = U_{bd} = 6 \times 0.5\text{V} = 3 \text{ V}$$
$$V_c = U_{cd} = 6 \text{ V}$$

【例1-1】如图1-9（a）所示电路，计算开关 S 断开和闭合时 A 点的电位 V_A。

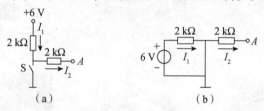

图1-9　【例1-1】电路

解：（1）当开关 S 断开时，没有通路。

电流 $I_1 = I_2 = 0$ A

电位 $V_A = 6$ V

（2）当开关闭合时，电路如图1-9（b）所示。

电流 $I_2 = 0$ A

电位 $V_A = 0$ V

1.3　理想电路元件

在实际生活中，电路是多种多样的。我们研究电路不是研究实际的电路，而是研究用理想电路元件来表示的电路模型。本节主要介绍理想电路元件，并介绍如何将实际电路元件转换为理想电路元件。

1.3.1　理想无源元件

由实际电路元件组成的电路被称为电路实体，可将电路实体中各个实际的电路元件都用表征其主要物理性质的理想电路元件代替。用理想电路元件组成的电路被称为电路实体的电路模型。

1. 理想电阻元件

电阻是表征电路中消耗电能的理想元件。电阻对电流有阻碍作用，当电流流过时，电阻要消耗电能，所以电阻是一种耗能元件。电阻用 R 表示，如图1-10所示。在直流电路中，电阻的阻值和电压、电流的关系可用欧姆定律表示。电阻的单位为欧姆，简称欧（Ω）。

图 1-10　电阻

实际的电阻元件是电阻器，电阻器是组成电路的最基本元件，应用于各种电力电子设备中，主要用来稳定和调节电路中的电流和电压，起限流、降压、分流、分压和隔离等作用。电阻器有多种样式，常用电阻器的外形如图 1-11 所示。

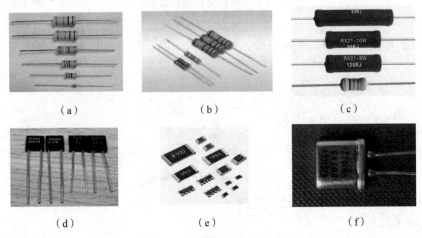

图 1-11　常用电阻器的外形

（a）碳膜电阻器；（b）金属膜电阻器；（c）线绕电阻器；（d）塑封块电阻器；（e）贴片电阻器；（f）金封块电阻器

严格地说，电阻器不是理想电路元件，电阻的阻值会随温度和交流电路频率的变化而变化。在分析实际电路时，一般这些影响都忽略不计。电阻器上一般都标有电阻的数值，称为标称值。标称值与实际值并不完全相符，实际值与标称值之间允许存在误差。在选用电阻器时，除了考虑阻值，还应考虑电阻器的误差和额定功率，必须使电阻器在实际工作时消耗的功率或通过的电流不超过额定功率或额定电流。

如图 1-11（a）和图 1-11（b）所示，电阻器的标称值是由色环来标注的，这种电阻器称为色环电阻。色环电阻分为 4 色环电阻、5 色环电阻和 6 色环电阻，本书主要介绍 4 色环电阻。

阅读色环时先将电阻上金色或银色的一端放于右边，从左向右，第 1 环代表数值的第 1 位数，第 2 环代表数值的第 2 位数，第 3 环代表第 3 位数，第 4 环代表电阻值的误差，常见的误差为 ±5%（金色）和 ±10%（银色）。

色环的具体含义如表 1-1 所示。

表 1-1　色环的具体含义

颜色	第 1 位	第 2 位	第 3 位	第 4 位：误差
黑	0	0	/	/
棕	1	1	10^1	±1%
红	2	2	10^2	±2%

续表

颜色	第 1 位	第 2 位	第 3 位	第 4 位：误差
橙	3	3	10^3	/
黄	4	4	10^4	/
绿	5	5	10^5	$\pm 0.5\%$
蓝	6	6	10^6	$\pm 0.25\%$
紫	7	7	10^7	$\pm 0.1\%$
灰	8	8	10^8	$\pm 0.05\%$
白	9	9	10^9	/
金	/	/	10^{-1}	$\pm 5\%$
银	/	/	10^{-2}	$\pm 10\%$

例如，4 色环依次为棕黑黄银，则阻值为 100 000 Ω = 100 kΩ，误差为 ±10%；4 色环依次为橙白棕银，则阻值为 390 Ω，误差为 ±10%；4 色环依次为橙橙金银，则阻值为 33 × 10^{-1} = 3.3 Ω，误差为 ±10%。

注意：当第 3 环是金色或银色时，读电阻时要注意，因为它是乘以 10 的负数次方。

当单个电阻不能满足要求时，可将几个电阻串联或并联使用。

1）电阻串联电路

将两个或多个电阻依次连接起来，就组成电阻串联电路，如图 1-12 所示。

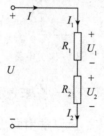

图 1-12　电阻串联电路

电阻串联电路的特点如下。

（1）电路中的电流处处相等，即 $I = I_1 = I_2$。

（2）电路中的总电压等于串联电阻两端的分电压之和，即 $U = U_1 + U_2$。

（3）电路的总电阻等于各串联电阻之和，即 $R = R_1 + R_2$。

（4）各电阻上分配的电压与电阻值成正比，即

$$U_1 = \frac{R_1}{R_1 + R_2} U, \ U_2 = \frac{R_2}{R_1 + R_2} U \tag{1-5}$$

式（1-5）被称为两个电阻串联电路的分压公式。

2）电阻并联电路

将两个或多个电阻接到电路中的两点之间，各电阻两端承受同一个电压，就组成电阻并联电路，如图 1-13 所示。

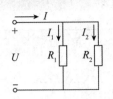

图 1-13　电阻并联电路

电阻并联电路的特点如下。

（1）并联电路中各电阻两端的电压都相等，即 $U = U_1 = U_2$。

（2）并联电路中的总电流等于各支路电流之和，即 $I = I_1 + I_2$。

（3）电路的总电阻的倒数等于各并联电阻的倒数之和，即

$$\frac{1}{R} = \frac{1}{R_1} + \frac{1}{R_2} \qquad (1-6)$$

（4）各支路分配的电流与支路的电阻值成反比，即 $U = I_1 R_1 = I_2 R_2$。两个电阻并联电路的分流公式为

$$I_1 = \frac{R_2}{R_1 + R_2}I, \ I_2 = \frac{R_1}{R_1 + R_2}I \qquad (1-7)$$

2. 理想电容元件

电容是表征电路中存储电场能量的理想元件。任意两块极板间用绝缘介质隔开就构成了电容。在直流电路中，电容两块极板带有等量的异性电荷。任意极板上所储存的电荷量 Q 与两极板间电压 U 的比值，被称为电容，用符号 C 表示，如图 1-14 所示。

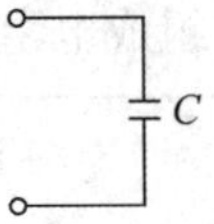

图 1-14　电容

电容与电荷量、电压的关系可用式子 $C = \dfrac{Q}{U}$ 来表示。电容的单位为法拉，简称法（F）。

在实际应用中，电容往往比 1 F 小得多，所以常用微法（μF）和皮法（pF）作为单位，另外还有毫法（mF）和纳法（nF）等单位，其换算关系如下：

$$1 \ F = 10^3 \ mF = 10^6 \ \mu F = 10^9 \ nF = 10^{12} \ pF$$

当电压 u 与电流 i 的参考方向一致时，有

$$i = C\frac{\mathrm{d}u}{\mathrm{d}t} \qquad (1-8)$$

式（1-8）表明，只有当电容两端的电压发生变化时，电路中才有电流流过。当电容两端加直流电压时，电容电路相当于开路。

电容是组成电路的最基本元件，实际的电容有多种类型，应用于各种电力电子设备中，主要用来储存电场能，起隔直流、通交流的作用。常用电容的外形如图 1-15 所示。

图1-15　常用电容的外形

在实际应用中，选择电容器时要考虑耐压值和容量。当单个电容不能满足要求时，可将几个电容元件串联或并联使用。电容器串联可以提高耐压，并联可以增加容量。

1）电容串联电路

将两个或多个电容依次连接起来，就组成电容串联电路，如图1-16所示。

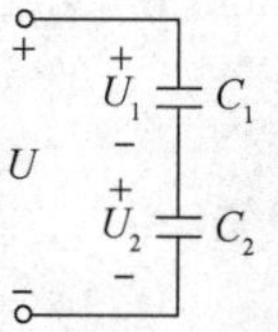

图1-16　电容串联电路

电容串联电路的特点如下。

（1）电路存储的总电荷量与各电容器存储电荷量相等，即 $Q = Q_1 = Q_2$。

（2）串联电路中的总电压等于串联电容两端的分电压之和，即 $U = U_1 + U_2$。

（3）电路的总等效电容减小，总耐压增大，即

$$\frac{1}{C} = \frac{1}{C_1} + \frac{1}{C_2} \tag{1-9}$$

2）电容并联电路

将两个或多个电容接到电路中的两点之间，就组成电容并联电路，如图1-17所示。

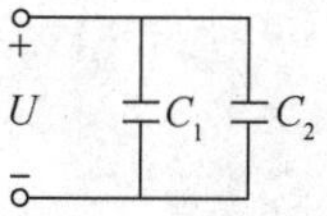

图1-17　电容并联电路

电容并联电路的特点如下。

（1）并联电路中各电容两端的电压都相等，即 $U = U_1 = U_2$。

（2）等效电容的耐压值等于电路中耐压最小的电容的耐压值。

（3）总电容等于各个电容之和，即

$$C = C_1 + C_2 \tag{1-10}$$

3. 理想电感元件

电感是表征电路中存储磁场能量的理想元件。由导线绕制而成的线圈就是电感，用符号 L 表示，如图 1-18 所示。

图 1-18　电感

电感的单位为亨利，简称亨（H）。常用单位还有毫亨（mH）和微亨（μH），其换算关系如下：

$$1\ \text{H} = 10^3\ \text{mH} = 10^6\ \mu\text{H}$$

当电压 u 与电流 i 的参考方向一致时，有

$$u = L\frac{\mathrm{d}i}{\mathrm{d}t} \tag{1-11}$$

式（1-11）表明，只有当流过电感的电流发生变化时，电感两端才有电压。当电感电路加直流电时，电感端电压为 0，电感电路相当于短路。

电感有多种样式，常用电感的外形如图 1-19 所示。

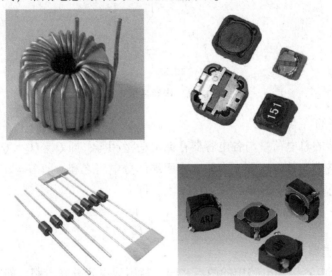

图 1-19　常用电感的外形

1）电感串联电路

将两个或多个电感依次连接起来，就组成电感串联电路。电感串联电路的等效总电感等于各电感之和，即

$$L = L_1 + L_2 \tag{1-12}$$

2）电感并联电路

将两个或多个电感接到电路中的两点之间，就组成电感并联电路。电感并联电路的等效电感的倒数等于各电感倒数之和，即

$$\frac{1}{L} = \frac{1}{L_1} + \frac{1}{L_2} \tag{1-13}$$

1.3.2   理想有源元件

理想有源元件是从实际电源元件中抽象出来的，当实际电源本身的功率损失可以忽略不计时，电源就可以用一个理想有源元件来表示。

1. 恒压源

输出恒定不变的电压且输出的电压值与其电流无关的电源，被称为理想电压源，又称恒压源。

电源在使用过程中会发热，说明电源本身有一定的内阻，其端电压会随着输出电流的变化而变化。实际电压源模型如图 1-20（a）所示，也就是将实际电压源用恒压源与内阻串联的形式来表示。其外特性是一条直线，如图 1-20（b）所示，直线的斜率与 R_0 有关，R_0 越小，特性越平。恒压源符号如图中 E 标示，即恒压源两端的电压与电源电动势相等。

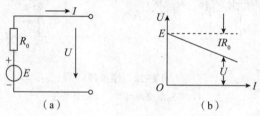

图 1-20 恒压源

（a）实际电压源模型；（b）外特性

$R_0 = 0\ \Omega$ 时的电压源即为理想电压源或恒压源。在实际电路中，当负载的电阻远大于电源内阻时，可以将电源内阻忽略不计，即 $R_0 = 0\ \Omega$，此时实际电压源可视为恒压源。

恒压源的特性如下。

（1）输出电压 U 是由它本身确定的定值，与输出电流和外电路情况无关。输出电流 I 不是定值，与输出电压和外电路情况有关。

（2）恒压源特性中不变的是 E，变化的是 I，负载变化会引起 I 的变化。

（3）凡是与恒压源并联的元件电压为恒定电压。

（4）恒压源中的电流由外电路决定。

【例 1-2】如图 1-21 所示，设 $E = 10\ \text{V}$，当只有 R_1 接入时，求电流 I；当 R_1、R_2 同时接入时，求电流 I。

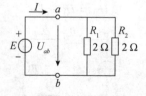

图 1-21 【例 1-2】电路

解：当只有 R_1 接入时，$I = \dfrac{E}{R_1} = 5\ \text{A}$。

当 R_1、R_2 同时接入时，$R = \dfrac{R_1 R_2}{R_1 + R_2} = 1\ \Omega$，$I = \dfrac{E}{R} = 10\ \text{A}$。

2. 恒流源

当负载在一定范围内变化时，电源的端电压随着变化，而输出的电流恒定不变，则这类电源被称为理想电流源，又称为恒流源。

实际电流源模型如图 1-22（a）所示，也就是将实际电源用恒流源与电源内阻并联的形式表示。恒流源符号用图中 I_S 表示。

根据分压定理，有

$$I = \frac{R_0}{R_0 + R} I_\mathrm{S}$$

恒流源的外特性是一条直线，如图 1-22（b）所示。

$R_0 = \infty$ 时的电流源称为理想电流源或恒流源。

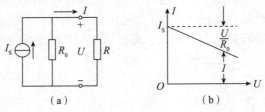

图 1-22　恒流源

（a）实际电流源模型；（b）外特性

恒流源的特性如下。

（1）输出电流 I 是由它本身确定的定值，与输出电压和外电路情况无关。输出电压 U 不是定值，与输出电流和外电路情况有关。

（2）恒流源特性中不变的是 I_S，变化的是 U，负载的变化会引起 U 的变化。

（3）U 的变化可能是大小的变化，或者是方向的变化。

（4）凡是与恒流源串联的元件电流为恒定电流。

【例 1-3】　在图 1-23 所示电路中，恒压源中的电流 I 如何决定？并求恒流源两端的电压 U_{ab}。

解：因为 I_S 不能变，E 不能变。

恒压源中的电流为

$$I = I_\mathrm{S}$$

恒流源两端的电压为

$$U_{ab} = IR - E$$

图 1-23　【例 1-3】电路

3. 理想有源元件的两种工作状态

从【例 1-3】可知，理想有源元件有两种工作状态，即在电路中充当电源或负载的角色。如果实际电流从电源电压的"+"端流出，在电路中产生电功率，则此时为电源；如果实际电流从电源电压的"+"端流入，在电路中消耗电功率，则此时为负载。

【例1-4】 如图1-24所示，$U_1 = 9\,V$，$I = -1\,A$，$R = 3\,\Omega$。求 U_2 并判断元件1、2是电源还是负载。

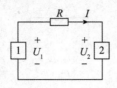

图1-24　【例1-4】电路

解：$U_2 = -RI + U_1 = -3 \times (-1) + 9\,V = 12\,V$

电流从元件1的电压 U_1 "+" 端流入，故元件1为负载；电流从元件2的电压 U_2 "+" 端流出，故元件2为电源。

课堂习题

一、填空题

1. 实际电路的3个基本组成部分是_____、_____、_____。

2. 理想无源元件包括_____、_____和_____。

3. 在图1-25所示电路中，电流 $I =$ _____ A，4 Ω 电阻的功率 $P =$ _____ W。

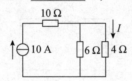

图1-25　填空题3图

4. 图1-26中电阻两端电压 $U =$ _____ V。

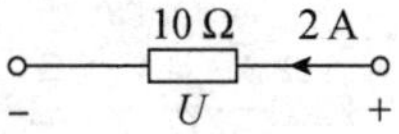

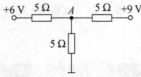

图1-26　填空题4图

5. 电路如图1-27所示，A 点的电位 $V_A =$ _____ V。

图1-27　填空题5图

二、选择题

1. 电路的主要作用有两点，一是输送和转换能量，二是传递和处理信号。下列哪一个不是传递与处理信号的作用（　　）。

A. 电话　　　　　　　B. 收音机　　　　　　　C. 电视机　　　　　　D. 电动机

2. 电路及其对应的欧姆定律表达式如图 1-28 所示，其中正确的是（　　　）。

A. 图 1-28（a）　　　　B. 图 1-28（b）　　　　C. 图 1-28（c）

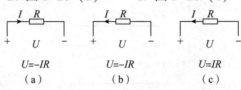

图 1-28　选择题 2 图

3. 在额定功率和额定电压分别为下列规格的灯泡中，电阻最大的是（　　　）。

A. 100 W，220 V　　　　B. 60 W，220 V　　　　C. 100 W，110 V

4. 在图 1-29 中，已知 $I_B = 4$ A，$I_C = 6$ A，则 $I_A = $（　　　）A。

A. -10　　　　　　　　B. 10　　　　　　　　C. 2　　　　　　　　D. -2

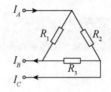

图 1-29　选择题 4 图

5. 在图 1-30 中，当电阻 R_1 减小，电压 U 将（　　　）。

A. 不变　　　　　　　　B. 变小　　　　　　　　C. 变大　　　　　　　　D. 无法判断

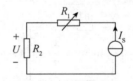

图 1-30　选择题 5 图

6. 电路如图 1-31 所示，A 点的电位 $V_A = $（　　　）。

A. 5 V　　　　　　　　B. 3 V　　　　　　　　C. 2 V　　　　　　　　D. 1 V

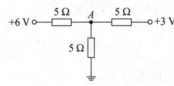

图 1-31　选择题 6 图

项目实施

一、数字万用表介绍

数字万用表用来检测电压、电流、电阻、电容、二极管、三极管等参数。数字万用表的面板如图1-32所示。

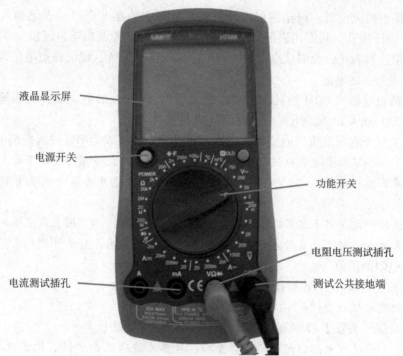

图1-32　数字万用表的面板

二、数字万用表的使用方法及原理说明

1. 电压与电位的关系

在电路中任意选定一参考点，令参考点的电位为0 V。参考点确定后，电路中任意一点的电位，就是这一点与参考点之间的电压，且各点电位具有唯一确定的值。

注意：参考点选择不同，电路中同一点的电位也会不同。测量电路中的电位时，要先选择参考点，通常选择电路的接地点或电路的公共点作为参考点。电路中任意两点间的电压等于这两点相对同一参考点的电位之差，且电压与参考点的选择无关。

2. 测量电路中的电压和电位

1）测量电压

测量电路中任意两点间的电压时，应先在电路中假定电压的参考方向。

（1）黑表笔插入COM插孔，红表笔插入V/Ω插孔，则表示红表笔接电压正方向。

（2）将功能开关置于直流电压挡或交流电压挡适当量程，将表笔并接到待测电源或负载上。

注意：①若被测电压范围未知，则将功能开关置于最大量程，然后根据测量情况逐渐下降。

②万用表只在屏幕左边显示"1"表示过量程，需将功能开关置于更高量程。

③不要测高于1 000 V直流电压或高于700 V交流电压。

④测直流电压时，如果显示的数字前无负号，则表示电压实际方向与参考方向一致，如果数字前有负号，则表示电压实际方向与参考方向相反。

2）测量电位

测量电路中的电位时，根据测量需要，确定电路中的参考点。黑表笔插入 COM 插孔，红表笔插入 V/Ω 插孔。将万用表的负极（即黑表笔）与参考点相连，正极（即红表笔）接测试点。如果读数为正，说明该点电位为正值；如果读数为负，说明该点电位为负值。

3. 测量电路中的电流

（1）将黑表笔插入 COM 插孔，当测量最大值为 200 mA 的电流时，红表笔插入 mA 插孔；当测量 200 mA～20 A 的电流时，红表笔插入 20 A 插孔。

（2）开关置于直流电流挡或交流电流挡适当量程，并将表笔串联接入待测电路。

注意：①如果不知道被测电流范围，将功能开关置于最大量程并逐渐下降。

②如果屏幕左边只显示"1"，则表示过量程，需将功能开关置于更高量程，过载会烧坏熔断器。

③测电流时一定要将表笔串联接入待测电路，否则可能损坏万用表或电路元件。

④当测直流电流时，无负号表示电流由红表笔流向黑表笔，有负号则相反。

4. 测量电阻的阻值

（1）将黑表笔插入 COM 插孔，红表笔插入 V/Ω 插孔。

注意：红表笔极性为"+"。

（2）将功能开关置于 Ω 量程，将测试笔跨接到待测电阻上。

注意：①如果被测电阻值超出所选择量程，屏幕左边将显示"1"，则需选择更大量程。对于大于 1 MΩ 的电阻，要几秒后读数才能稳定。

②无输入，即开路时，显示为"1"。

③当检测在线电阻时，必须确定被测电阻已去电源，同时电容已放完电，方能测量。

④200 MΩ 挡短路时有 1 M 显示，测量后应从读数中减去 1 M。

5. 电容测试

将电容插入电容测试座中。在连接待测电容之前，注意每次转变量程时复零需要时间，漂移读数存在不会影响测试精度。测量大电容时稳定读数需要一定时间。

三、实训器材

（1）万用表 1 块。

（2）直流稳压电源 1 台。

（3）实验电路板（学生也可自己设计电路板）1 块。

（4）电阻、电容若干。

（5）连接导线若干。

四、安装调试

（1）按照已经设计好的电路接线，可参考图 1-33 所示电路。双路直流稳压电源的两路输出电压分别调为固定的 10～20 的数值；3 个电阻分别从电路实验板的电路基本定律区域中取得。

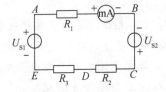

图 1-33　项目 1 实验参考电路

（2）在电阻接入电路之前，要先测量各电阻阻值，记录到表 1-2 中，并与标称值进行比较。

表 1-2   电阻标称值与测量值记录表

电阻	R_1	R_2	R_3
标称值			
测量值			

（3）计算出电路中选定参考点后的电位和电压的理论值，填入表 1-3 中。

（4）使用万用表测出回路电流，记入表 1-3 中。

（5）选择 D 点为参考点，即令 $V_D = 0$，使用万用表测出表 1-3 中对应的电位和电压，并记入表中。测量时应注意电位和电压的正、负。

（6）选择 E 点为参考点，重复上述测量，将数据记入表 1-3 中。

表 1-3   电路中电位的测量值与理论值对照表

参考点	电流	电位					电压			
	I/mA	V_A	V_B	V_C	V_D	V_E	U_{AD}/U_{AE}	U_{BD}/U_{BE}	U_{CD}/U_{CE}	U_{ED}/U_{DE}
选 D 点为参考点（理论值）										
选 D 点为参考点（测量值）										
选 E 点为参考点（理论值）										
选 E 点为参考点（测量值）										

五、结果分析

（1）根据自己设计的电路，模仿上述电路的结果记录表，设计测量结果表格。

（2）对照理论值与测量值，分析电路中电流的变化规律，电压与电位的关系。

项目拓展

上网查找万用表常见故障的检查及排除方法，对实验室有故障的万用表进行检修。

项目 2　电动自行车车灯的设计

项目引入

电动自行车的使用已经非常普遍，其车灯部分的电路也非常简单。学习本项目后，读者能够了解电动自行车车灯的主要状态及所需功能，按照电动自行车车灯的功能，设计车灯电路并进行调试。

知识储备

2.1　基尔霍夫定律和支路电流法

基尔霍夫是德国物理学家、化学家、天文学家，1847 年毕业于柯尼斯堡大学并留校任教，1848 年到柏林大学任教，1850—1854 年任布雷斯芬大学物理学教授，1875 年被选为英国皇家学会会员、彼得堡科学院院士。基尔霍夫除了对电学理论有重大贡献外，还发表过基尔霍夫辐射定律、光谱化学分析法等。1845 年，21 岁的基尔霍夫发表了第一篇论文，提出了稳恒电路网络中反映电流、电压、电阻关系的两条电路定律，即著名的基尔霍夫电流定律（Kirchhoff's Current Law，KCL）和基尔霍夫电压定律（Kirchhoff's Voltage Law，KVL），这两条定律解决了电器设计中电路方面的难题。

2.1.1　基尔霍夫定律

在学习基尔霍夫定律之前，先明确电路的几个基本概念。

1. 电路的基本概念

（1）支路：由一个或几个元件串联后组成的无分支电路。电路中每一个分支都为一条支路。图2-1所示电路中有 ab、bc、ca、ad、cd、db 共6条支路。

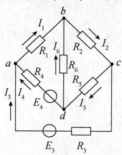

图2-1　基尔霍夫定律

（2）结点：3个或3个以上支路的连接点。图2-1所示电路中有 a、b、c、d 共4个结点。

（3）回路：电路中的任意闭合路径。图2-1所示电路中有 $abda$、$bcdb$、$adca$、$abcda$、$abca$、$cbdac$、$abdca$ 共7个回路。

（4）网孔：未被其他支路分割的单孔回路。图2-1所示电路中有 $abda$、$bcdb$、$adca$ 共3个网孔。

2. 基尔霍夫电流定律

基尔霍夫电流定律：在任意瞬间，流入结点电流的和等于流出该结点的电流的和。在图2-1中，对于结点 b，I_1 和 I_6 的方向是指向结点 b 的，即流入结点，则 I_2 是流出的，所以有 $I_1 + I_6 = I_2$。同理，对于结点 a，则有 $I_3 + I_4 = I_1$。

如果设流入结点的电流为正，流出结点的电流为负，则在任意瞬间，一个结点上电流的代数和恒为0，即 $\sum I = 0$。在图2-1中，对于结点 b，有 $I_1 + I_6 - I_2 = 0$，对于结点 a，则有 $I_3 + I_4 - I_1 = 0$。

基尔霍夫电流定律可推广应用到电路中任何一个假定的闭合面，即一个大的广义结点。

在图2-2中，可以将三极管看成是一个大的广义结点，则有 $I_C + I_B - I_E = 0$。

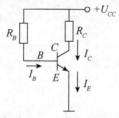

图2-2　KCL推广应用

【例2-1】　请指出图2-3中有几个结点，并列出结点的KCL方程。

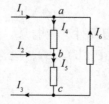

图2-3　【例2-1】电路

解：图 2-3 中共有 a、b、c 3 个结点。

结点 a 的 KCL 方程为 $I_1 + I_6 = I_4$

结点 b 的 KCL 方程为 $I_2 + I_4 = I_5$

结点 c 的 KCL 方程为 $I_3 + I_6 = I_5$

另外，图中还画出了一个广义结点，KCL 方程为 $I_1 + I_2 = I_3$

3. 基尔霍夫电压定律

基尔霍夫电压定律：在电路的任意一个回路中，沿同一方向环行，同一瞬间电压的代数和等于零，即 $\sum U = 0$。沿环行方向，电位降记为"+"，电位升记为"−"，也就是说沿环行方向，E、I 的方向与环行方向相同为"+"，相反为"−"。在图 2-1 中，选择回路 $abda$，则有

$$I_1 R_1 + I_4 R_4 - I_6 R_6 = 0$$

基尔霍夫电压定律不仅用于闭合回路，也可以应用到回路的部分电路（开口电路），即可将其推广应用于任何假想闭合的一段电路。

在图 2-4 中，无论 ab 之间是多么简单或多么复杂的电路，只需将其假想成一个回路，根据 KVL，可列出方程 $RI - U + U_S = 0$。

图 2-4　KVL 的推广应用

【例 2-2】如图 2-5 所示，已知 $U_{S1} = 30$ V，$U_{S2} = 80$ V，$R_1 = 10$ kΩ，$R_2 = 20$ kΩ，$I_1 = 3$ mA，$I_2 = 1$ mA，求 I_3、U_3，说明元件 3 是电源还是负载，并校验功率平衡。

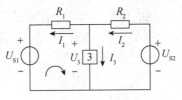

图 2-5　【例 2-2】电路

解：根据 KCL，有

$$I_3 = I_2 - I_1 = -2 \text{ mA}$$

根据 KVL，有

$$U_{S1} + R_1 I_1 = U_3$$
$$U_3 = 60 \text{ V}$$

电流从元件 3 的"+"流出，所以元件 3 为电源。

电流从 U_{S1} 的"+"流入，所以 U_{S1} 为负载；电流从 U_{S2} 的"+"流出，所以 U_{S2} 为电源。

电源发出功率：

$$P = |U_3 I_3| + |U_{S2} I_2| = 200 \times 10^{-3} \text{ W}$$

负载取用功率：

$$P = R_1 I_1^2 + R_2 I_2^2 + |U_{S1} I_1| = 200 \times 10^{-3} \text{ W}$$

电源发出的功率等于负载取用的功率，所以功率平衡。

2.1.2 支路电流法

支路电流法是求解复杂电路的最基本方法，主要是应用基尔霍夫定律，对结点和回路列方程组，然后解出各支路的电流。

结合图 2-6，介绍应用支路电流法求解问题的思路。

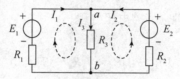

图 2-6   支路电流法

（1）分析电路结构，确定支路数，选择各支路电流的参考方向，并在电路图上标出。图中共有 3 条支路，即有 3 个未知数。

（2）确定结点数，根据 KCL 列出独立的结点电流方程式。一般情况下，如果电路有 n 个结点，那么最多只能列出 $n-1$ 个独立的结点方程。

图中有 2 个结点，选择结点 a：

$$I_1 + I_2 - I_3 = 0$$

选择结点 b：

$$- I_1 - I_2 + I_3 = 0$$

可以看出，这两个方程式一样，说明只有一个独立方程。

（3）确定余下所需的方程式数，列出独立的回路电压方程式。

图中有 3 个未知数，已经根据结点列出一个方程，则还需要根据 KVL 列出 2 个方程式。

选择左网孔：

$$R_1 I_1 + R_3 I_3 = E_1$$

选择右网孔：

$$R_2 I_2 + R_3 I_3 = E_2$$

（4）解联立方程组，即可求出各支路电流的值。

【例 2-3】求解图 2-7 中各支路的电流。

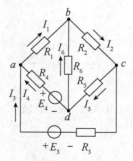

图 2-7   【例 2-3】电路

解：（1）对每个支路假设一未知电流（$I_1 \sim I_6$），并在图上标出。

（2）选定 3 个结点，列独立结点电流方程

结点 a：

$$I_3 + I_4 = I_1$$

结点 b：

$$I_1 + I_6 = I_2$$

结点 c：

$$I_2 = I_5 + I_3$$

（3）取其中 3 个回路，列独立回路电压方程。

回路 $abda$：

$$I_1R_1 - I_6R_6 + I_4R_4 - E_4 = 0$$

回路 $bcdb$：

$$I_2R_2 + I_5R_5 + I_6R_6 = 0$$

回路 $abca$：

$$I_1R_1 + I_2R_2 + I_3R_3 - E_3 = 0$$

（4）解联立方程组，即可求得各支路电流。

支路电流法是电路分析基本的方法之一。只要根据基尔霍夫定律、欧姆定律列方程，就能得出结果。但是电路中支路数较多时，所需方程的个数较多，求解不方便。

2.2　叠加定理

叠加定理是线性电路的一个重要定理。其主要内容是：在包含多个电源（电压源或电流源）同时作用的线性电路中，任意支路的电流或任意两点间的电压，都等于各个电源分别单独作用时，在该支路产生的电流或电压的代数和。

图 2-8（a）所示电路中有两个电压源，根据叠加定理，当电压源 E_1 单独作用时，另一个电压源 E_2 应为 0，即将电压源 E_2 短路，得到图 2-8（b）所示电路。然后分别求出 $I_1{}'$、$I_2{}'$、$I_3{}'$。当电压源 E_2 单独作用时，另一个电源 E_1 应为 0，即将电压源 E_1 短路，即得到图 2-8（c）所示电路，然后分别求出 $I_1{}''$、$I_2{}''$、$I_3{}''$。

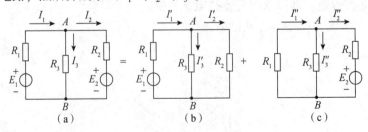

图 2-8　叠加定理

求代数和，得到最终结果：

$$I_1 = I_1{}' + I_1{}''$$

$$I_2 = I_2{}' + I_2{}''$$

$$I_3 = I_3' + I_3''$$

【例 2-4】用叠加定理求图 2-9（a）所示电路的电流 I。

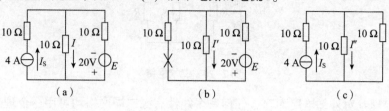

图 2-9　【例 2-4】电路

解：首先画出各个电源单独作用的分电路图，当电压源 E 单独作用时，电流源 I_S 的输出电流应为 0，即将电流源 I_S 开路，得到图 2-9（b）所示电路。当电流源 I_S 单独作用时，电压源 E 的输出电压应为 0，即将电压源 E 短路，得到图 2-9（c）所示电路。然后求出各个分量，最后求各分量的代数和。

由图 2-9（b）可得

$$I' = -\frac{20}{10 + 10}\, \text{A} = -1\,\text{A}$$

由图 2-9（c）可得

$$I'' = \frac{10}{10 + 10} \times 4\,\text{A} = 2\,\text{A}$$

则

$$I = I' + I'' = 1\,\text{A}$$

应用叠加定理要注意以下问题。

（1）叠加定理只适用于线性电路。所谓线性电路就是电路参数不随电压、电流的变化而改变。

（2）叠加时只将电源分别考虑，电路的结构和参数不变。不作用的恒压源应予以短路，即令 $E = 0$；不作用的恒流源应予以开路，即令 $I_S = 0$。

（3）解题时要标明各支路电流、电压的正方向，原电路中各电压、电流的最后结果是各电压分量、电流分量的代数和。与支路电流、电压方向一致的各电流、电压分量取正；与支路电流、电压方向相反的各电流、电压分量取负。

（4）叠加定理只能用于电压或电流的计算，不能用来求功率。

（5）运用叠加定理时也可以把电源分组求解，每个分电路的电源个数可能不止一个。

2.3　戴维南定理

在学习戴维南定理之前，先学习几个基本概念。

（1）二端网络：若一个电路只通过两个输出端与外电路相连，则该电路被称为二端网络。如图 2-10 所示，A、B 两端的左侧、右侧都是二端网络。

（2）无源二端网络：没有电源的二端网络，如图 2-10 中 A、B 两端的右侧。

（3）有源二端网络：含有电源的二端网络，如图 2-10 中 A、B 两端的左侧。

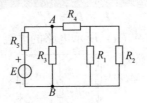

图 2-10　二端网络

戴维南定理：对外部电路而言，任何一个线性有源二端网络均可用一个理想电压源与电阻串联的模型来代替，其中理想电压源的电压 U_{es} 等于原有源二端网络的开路电压 U_{oc}，内阻 R_0 等于原有源二端网络的开路电压 U_{oc} 与短路电流 I_{sc} 之比，也等于原有源二端网络内部除源（恒压源短路，恒流源开路）后在端口处得到的等效电阻。

应用戴维南定理分析电路的步骤如下。

（1）将复杂电路分解为待求支路和有源二端网络两部分。

（2）画出有源二端网络与待求支路断开后的电路，并求开路电压 U_{oc}，则 $U_{es} = U_{oc}$。

（3）画出有源二端网络与待求支路断开且内部除源后的电路，并求无源二端网络的等效电阻 R_0。

（4）将等效电压源与待求支路合为简单电路，用欧姆定律求电流。

【例 2-5】在图 2-11 所示电路中，已知 $U_{S1} = 8\text{ V}$，$U_{S2} = 5\text{ V}$，$I_S = 3\text{ A}$，$R_1 = 2\ \Omega$，$R_2 = 5\ \Omega$，$R_3 = 2\ \Omega$，$R_4 = 8\ \Omega$，试用戴维南定理求通过 R_4 的电流。

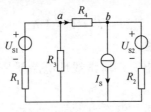

图 2-11　【例 2-5】电路

解：（1）将待求支路提出，使剩下的电路成为有源二端网络，如图 2-12（a）所示。

（2）用等效电压源代替有源二端网络，如图 2-12（b）所示。

（3）求 U_{es}，即原有源二端网络的 U_{oc}。

$$I_2 = I_S = 3\text{ A}$$

$$I_3 = \frac{U_{S1}}{(R_1 + R_3)} = 2\text{ A}$$

$$U_{oc} = I_2 R_2 + I_3 R_3 - U_{S2} = 14\text{ V}$$

（4）求 R_0，将电路内部除源后得到图 2-12（c）。

$$R_0 = R_2 + R_1 \mathbin{/\!/} R_3 = 6\ \Omega$$

（5）用等效电路代替原有源二端网络，化简电路，如图 2-12（d）所示。

（6）求 I。

$$I = \frac{U_{es}}{R_0 + R_4} = 1\text{ A}$$

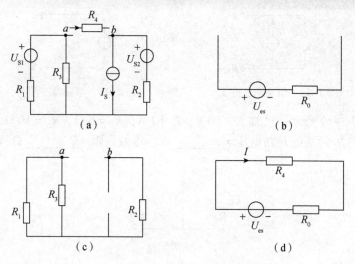

图 2-12　【例 2-5】求解过程

课堂习题

一、填空题

1. 在图 2-13 所示电路中，各电阻值和 U_S 值均已知。用支路电流法求解流过电压源的电流 I，独立的电流方程数和电压方程数分别为_____个和_____个。

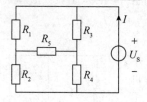

图 2-13　填空题 1 图

2. 在图 2-14 中，已知 $I_B = 4$ A，$I_C = -2$ A，则 $I_A = $ _____ A。

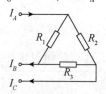

图 2-14　填空题 2 图

3. 在求有源二端网络的等效电阻时应使_____。

4. 叠加定理只适用于计算_____、_____，而不能计算功率。

5. 在图 2-15 中，已知 $U_{S1} = 4$ V，$I_{S1} = 2$ A。用图 2-16 所示的理想电压源代替图 2-15 所示的电路，该等效电压源 U_S 的电压为_____ V。

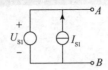

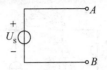

图 2-15 填空题 5 图 1　　　　　图 2-16 填空题 5 图 2

6. 电路如图 2-17 所示，已知 $E = 10\ V$，$I_S = 1\ A$，$R_1 = 5\ \Omega$，$R_2 = 10\ \Omega$，现在要用戴维南定理求 U_2，则 R_2 两端的开路电压 = _____ V，等效内阻 = _____ Ω，$U_2 =$ _____ V。

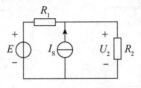

图 2-17 填空题 6 图

二、综合题

1. 电路如图 2-18 所示，$R_1 = R_2 = R_3 = 10\ \Omega$，$U_{S1} = 20\ V$，用支路电流法求各支路电流 I_1、I_2、I_3。

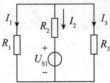

图 2-18 综合题 1 图

2. 电路如图 2-19 所示，已知 $R_1 = R_2 = 1\ \Omega$，$R_3 = 2\ \Omega$，$U_{S1} = 4\ V$，$U_{S2} = 2\ V$，$U_{S3} = 2.8\ V$，用支路电流法求各支路电流 I_1、I_2、I_3、I_4。

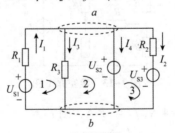

图 2-19 综合题 2 图

3. 电路如图 2-20 所示，用叠加定理求解流过电阻 R_3 的电流 I。

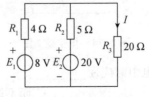

图 2-20 综合题 3 图

4. 电路如图 2-21 所示，已知 $R_1 = 3\ \Omega$，$R_2 = 6\ \Omega$，$R_3 = 5\ \Omega$，$E_1 = 10\ V$，$E_2 = 4\ V$，$I_S = 3\ A$，分别用叠加定理和戴维南定理求流过 R_3 的电流 I_3。

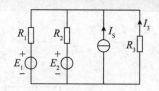

图 2-21　综合题 4 图

5. 在图 2-22 所示电路中，已知 $R_1 = R_2 = R_3 = 3\,\Omega$，$R_4 = 4\,\Omega$，$U_S = 9\,V$，$I_S = 3\,A$，用戴维南定理求电流 I_4。

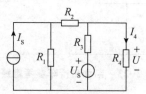

图 2-22　综合题 5 图

项目实施

一、设计说明

电动自行车车灯主要包括大灯、仪表灯、尾灯、转向灯等。总电路的开关受电门锁控制，电门锁打开，则仪表灯亮；大灯和尾灯同时受大灯开关控制。电门锁和大灯开关均由单刀单掷开关实现。转向灯共有 4 个，分别是左前转向灯、右前转向灯、左后转向灯、右后转向灯，受转向开关控制。转向开关可由单刀三掷开关控制，开关打向左边则左前转向灯和左后转向灯亮，开关打到右边则右前转向灯和右后转向灯亮，将闪烁器模块与转向灯串联后，即可控制转向灯的闪烁。

二、实训器材

项目 2 实训器材如表 2-1 所示。

表 2-1　项目 2 实训器材

序号	元器件名称	型号及规格	数量
1	直流稳压电源	可调 30 V	1
2	闪烁器	/	1
3	单刀三掷开关	/	1
4	熔断器	/	1
5	单刀单掷开关	/	2
6	限流电阻	100 kΩ	若干
7	小白炽灯	1.5 W	7
8	导线	单股 φ 1 mm	若干

三、设计电路图并安装调试

（1）设计电路图，可参考图 2-23。

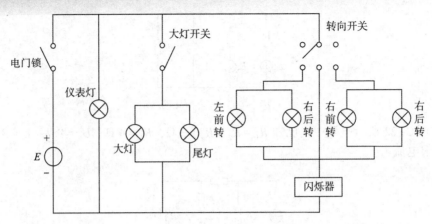

图 2-23　电动自行车参考电路图

（2）按照电路图进行安装调试。

四、结果分析

（1）根据自己设计的电路，按照功能要求分别调试，记录开关变化对灯的影响情况。

（2）分析电路，提出电路改进意见。

项目拓展

可将电路改进成 LED 灯实现，计算限流电阻值，重新设计电路。

项目3 白炽灯电路的安装

项目引入

　　白炽灯是使用较为广泛的光源，它具有结构简单、使用可靠、安装维修方便、价格低廉等优点，通常用于家庭照明电路中。安装一个白炽灯电路，便于学生掌握内线安装的基本知识与技能，并将单相交流电源的特点及单一元件的正弦交流电路的分析计算与实际电路安装技能有机结合起来。

　　本项目要求学生安装两只双联开关控制一盏白炽灯的电路，电路如图3-1所示，双联开关结构示意图如图3-2所示。

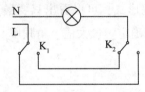

图3-1　双联开关电路图　　　　　图3-2　双联开关结构示意图

　　日常用电分为两种：一种是大小和方向都不随时间变化的直流电，另一种是大小和方向都随时间变化的交流电。目前供电和用电的主要形式是正弦交流电，原因如下：交流发电机等供电设备比其他波形的供电设备性能好、效率高；交流电压的变换又可以通过变压器比较方便地进行；交流电可以通过整流变换为所需的直流。

知识储备

3.1 正弦交流电的基本知识

3.1.1 交流电的定义

大小和方向都随时间周期性变化、在一个周期上的函数平均值为零的电流、电压和电动势统称为交流电，常用 AC 表示。随时间按正弦规律变化的交流电称为正弦交流电。以电流为例，正弦交流电流的表达式为

$$i = I_{\mathrm{m}}\sin(\omega t + \varphi) \tag{3-1}$$

图 3-3（a）为 $\varphi = 0°$ 时正弦交流电的波形，图 3-3（b）为 $0° < \varphi < 90°$ 时正弦交流电的波形。

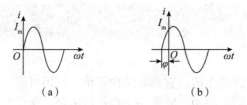

图 3-3　正弦交流电的波形

(a) $\varphi = 0°$；(b) $0° < \varphi < 90°$

3.1.2 正弦交流电的三要素

式（3-1）和图 3-3 是正弦交流电的两种表现形式，可以看出只要最大值 I_{m}、角频率 ω 和初相 φ 确定，交流电的表达式和波形就能唯一确定。最大值、角频率、初相被称为正弦交流电的三要素。

1. 交流电的瞬时值、最大值、有效值

1）瞬时值

交流电是随时间变化的，不同时刻所对应的值不同，某一时刻的值被称为瞬时值。瞬时值用小写字母表示，如 e、u、i 分别表示交流电动势、交流电压、交流电流的瞬时值。

2）最大值

交流电在一个周期内数值的最大值也被称为幅值，用带有下标 m 的大写字母表示，如 E_{m}、U_{m}、I_{m} 分别表示交流电动势、交流电压、交流电流的最大值。

3）有效值

正弦交流电压和电流往往不是用幅值，而是用有效值（均方根值）来计量大小。有效值是由电流的热效应规定的：电流通过电阻在一个周期产生的热量，和另一个直流通过同样大小的电阻在相等的时间内产生的热量相等，那么这个周期性变化的电流的有效值在数值上

就等于这个直流的电流值。

有效值用大写字母表示，如 E、U、I 分别表示交流电动势、交流电压、交流电流的有效值。交流电压表和交流电流表所指示的电压、电流读数，就是被测物理量的有效值。电气设备铭牌上的额定值也是有效值。标准电压220 V，也是指供电电压的有效值。

4）有效值和最大值的关系

正弦量的有效值与最大值的关系为

$$E = \frac{E_\mathrm{m}}{\sqrt{2}}$$

$$U = \frac{U_\mathrm{m}}{\sqrt{2}}$$

$$I = \frac{I_\mathrm{m}}{\sqrt{2}}$$

(3-2)

2. 交流电的周期、频率、角频率

1）周期

交流电变化一个循环所需要的时间被称为周期，用 T 表示，单位为秒（s），常用的单位还有毫秒（ms）、微秒（μs）等，其换算关系为

$$1\ \mathrm{s} = 10^3\ \mathrm{ms} = 10^6\ \mathrm{μs}$$

2）频率

交流电在单位时间内重复变化的次数被称为频率，用 f 表示，单位为赫兹（Hz），常用的单位还有千赫（kHz）、兆赫（MHz）等，其换算关系为

$$1\ \mathrm{MHz} = 10^3\ \mathrm{kHz} = 10^6\ \mathrm{Hz}$$

周期和频率是互为倒数的关系，即

$$f = \frac{1}{T}$$

(3-3)

我国和欧洲各国的工业标准频率（工频）是50 Hz，美国和日本的工频是60 Hz。有些领域还需要采用其他频率，如有线通信频率为300～5 000 Hz，无线通信频率为30 kHz～3×10^4 MHz。

3）角频率

交流电单位时间内变化的角度称为角频率，用 ω 表示，单位为弧度/秒（rad/s）。角频率与周期、频率之间的关系为

$$\omega = \frac{2\pi}{T} = 2\pi f$$

(3-4)

3. 交流电的相位、初相位、相位差

1）相位和初相位

在式（3-1）中，$\omega t + \varphi$ 为正弦交流电的相位角或相位。$t=0$ 时的相位 φ 称为初相位或初相角。相位和初相位的单位用弧度（rad）或度（°）来表示。

习惯上初相位用绝对值小于 π 的角来表示，当初相位的绝对值大于 π 时，可借助±2π 进行变换。

2）相位差

两个同频率的正弦交流电，任意瞬间的相位之差，被称为相位差，也就是初相位之差。

例如，有两个同频率的交流电流，其表达式为

$$i_1 = I_{m1}\sin(\omega t + \varphi_1)$$
$$i_2 = I_{m2}\sin(\omega t + \varphi_2)$$

则相位差 $\varphi = \varphi_1 - \varphi_2$。根据相位差的不同，二者可有如下几种相位关系。

（1）超前。如 $\varphi > 0$，则称 i_1 超前 i_2，表明 i_1 总比 i_2 先经过对应的最大值或零值，如图 3-4（a）所示。

（2）滞后。如 $\varphi < 0$，则称 i_1 滞后 i_2，表明 i_1 总比 i_2 后经过对应的最大值或零值，如图 3-4（b）所示。

（3）同相。如 $\varphi = 0$，则称 i_1、i_2 同相，如图 3-4（c）所示。

（4）反相。如 $\varphi = \pi$，则称 i_1、i_2 反相，如图 3-4（d）所示。

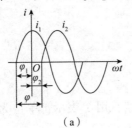
（a）

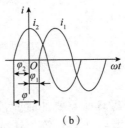
（b）

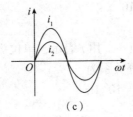
（c）

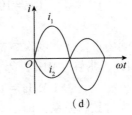
（d）

图 3-4　正弦交流电的相位关系

（a）超前；（b）滞后；（c）同相；（d）反相

【例 3-1】已知正弦交流电 $u = 311\sin\left(314t - \dfrac{\pi}{6}\right)$ V，试求：

（1）最大值和有效值；

（2）周期、频率、角频率；

（3）初相位；

（4）当 $t = 0$ s 和 $t = 0.01$ s 时电压的瞬时值。

解：（1）最大值 $U_m = 311$ V，有效值 $U = \dfrac{U_m}{\sqrt{2}} = 220$ V。

（2）角频率：

$$\omega = 314 \text{ rad/s}$$

频率：

$$f = \frac{\omega}{2\pi} = 50 \text{ Hz}$$

周期：

$$T = \frac{1}{f} = 0.02 \text{ s}$$

（3）初相位：

$$\varphi = -\frac{\pi}{6}$$

（4）当 $t = 0$ s 时，$u = 311\sin(314 \times 0 - \frac{\pi}{6})$ V $= -155.5$ V

当 $t = 0.01$ s 时，$u = 311\sin(314 \times 0.01 - \frac{\pi}{6})$ V $= 155.5$ V

3.2 正弦量的相量表示法

如前所述，正弦交流电可以用三角函数解析式和波形图来表示。三角函数解析式和波形图都可以比较直观地表达交流电的特性及变化规律。但在分析交流电路时，经常会进行加减乘除等运算，这时用三角函数解析式和波形图都不方便。为此引入相量表示法。

1. 相量的复数表示形式

如图 3-5 所示，正弦量可以用直角坐标系中的旋转矢量来表示，矢量的长度表示幅值 A，矢量与横轴正方向的夹角等于初相位 φ，并且定义该矢量以角频率 ω 按逆时针方向旋转，则该矢量在纵轴 y 上的投影就是一个正弦量，即

$$y = A\sin(\omega t + \varphi)$$

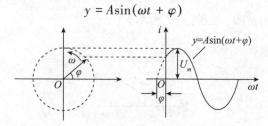

图 3-5 正弦量的旋转矢量表示法

这样正弦量的三要素就可以用旋转矢量来表示。而矢量可以用复数来表示，所以正弦量可以用复数来表示。也就是说，正弦量可以用一个复平面中处于起始位置的旋转矢量来表示。将矢量画到复平面上，如图 3-6 所示。横轴表示实部，单位为 +1，纵轴表示虚部，单位为 +j。矢量的长度为 r，在横轴上的投影为 a，在纵轴上的投影为 b，矢量与横轴的夹角为 φ，则矢量有以下 4 种表示形式。

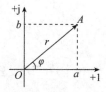

图 3-6 矢量的复数表示法

（1）代数形式：$A = a + jb$。

（2）三角形式：$A = r\cos\varphi + jr\sin\varphi$。

（3）指数形式：$A = re^{j\varphi}$。

（4）极坐标形式：$A = r\underline{/\varphi}$。

复数的上述表示形式可以相互转换，最常用的是代数形式和极坐标形式，这两种形式相互转换的公式如下：

$$a = r\cos \varphi \tag{3-5}$$

$$b = r\sin \varphi \tag{3-6}$$

$$r = \sqrt{a^2 + b^2} \tag{3-7}$$

$$\varphi = \arctan \frac{b}{a} \tag{3-8}$$

2. 相量的书写方式

描述正弦量的有向线段称为相量。若其幅度用最大值表示，则用符号 $\dot{U}_m$、$\dot{I}_m$ 表示。在实际应用中，幅度更多采用有效值来表示，即 $\dot{U}$、$\dot{I}$。由于只有频率相同的量才能进行计算，并且计算结果的频率也相同，因此相量只需包含幅值与初相位信息。将同频率的正弦量画在同一个复平面中，称之为相量图。相量图是分析正弦量的常用方法，从相量图中可以看出各个正弦量的大小及它们之间的相位关系。

【例 3-2】将 u_1、u_2 用相量表示。设 $u_2 > u_1$ 且 $\varphi_2 > \varphi_1$，$u_1 = \sqrt{2} U_1 \sin(\omega t + \varphi_1)$，$u_2 = \sqrt{2} U_2 \sin(\omega t + \varphi_2)$。

解：根据题意画出相量图，如图 3-7 所示。

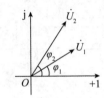

图 3-7 【例 3-2】相量图

写出相量的表示形式：

$$\dot{U}_{1m} = \sqrt{2} U_1 \underline{/\varphi_1} \qquad \dot{U}_1 = U_1 \underline{/\varphi_1}$$

$$\dot{U}_{2m} = \sqrt{2} U_2 \underline{/\varphi_2} \qquad \dot{U}_2 = U_2 \underline{/\varphi_2}$$

从相量图中可以看出 u_2 超前 u_1。

3. 相量的复数运算

设两个相量频率相同，且

$$\dot{U}_1 = a_1 + jb_1 = r_1 \underline{/\varphi_1}$$

$$\dot{U}_2 = a_2 + jb_2 = r_2 \underline{/\varphi_2}$$

（1）加、减运算：实部、虚部分别相加减，即

$$\dot{U} = \dot{U}_1 \pm \dot{U}_2$$
$$= (a_1 \pm a_2) + j(b_1 \pm b_2)$$

（2）乘法运算：模相乘，角度相加，即

$$\dot{U} = \dot{U}_1 \cdot \dot{U}_2$$

$$= r_1 \cdot r_2 \underline{/\varphi_1 + \varphi_2}$$

（3）除法运算：模相除，角度相减，即

$$\frac{\dot{U}_1}{\dot{U}_2} = \frac{r_1}{r_2} \underline{/\varphi_1 - \varphi_2}$$

至此得出了表示正弦量的几种不同的方法。它们的形式虽然不同，但都是用来表示正弦量的，只要知道一种表示形式，便可求出其他几种表示形式。复数运算可以把正弦量用复数表示，使三角函数的运算变为代数运算，并能同时求出正弦量的大小和相位。复数运算是分析正弦交流电路的主要运算方法。

3.3　单一元件的正弦交流电路

最简单的交流电路是只含有一种参数，也就是只含有一种理想无源元件的电路。分析交流电路，必须首先掌握单一元件电路中电流与电压之间的数值关系、相位关系及功率关系。

在讨论正弦交流电路时，可以在几个同频率的正弦量中选择其中某一个正弦量的初相位为0，则这个正弦量被称为参考正弦量，对应的相量被称为参考相量。参考正弦量的选定不会改变各正弦量之间的相互联系，也不会影响分析结果。

3.3.1　纯电阻电路

只含有电阻元件的交流电路称为纯电阻电路，如白炽灯、电热毯、电烙铁等都可看成纯电阻电路。

1. 电压、电流的关系

选择电流为参考量，设 $i = I_m \sin \omega t$，根据欧姆定律有

$$u = iR = RI_m \sin \omega t = U_m \sin \omega t$$

可知电阻两端的电压和流过电阻的电流之间关系如下：

（1）电流和电压的频率相同；

（2）电流和电压的相位相同；

（3）电流和电压的最大值和有效值关系为

$$U = IR$$

$$U_m = I_m R$$

综上所述，纯电阻电路中，电压和电流的相量关系为

$$\dot{U} = \dot{I}R$$

（3-9）

纯电阻电路的波形图和相量图如图 3-8 所示。

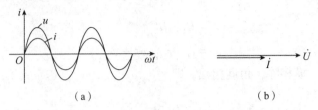

图 3-8 纯电阻电路的波形图和相量图

（a）波形图；（b）相量图

2. 功率

1）瞬时功率

在交流电路中，功率 p 是随时间变化的，被称为**瞬时功率**。瞬时功率就是电压瞬时值与电流瞬时值的乘积。

$$
\begin{aligned}
p = ui = Ri^2 &= \frac{u^2}{R} \\
&= U_m I_m \sin^2 \omega t = \frac{U_m I_m}{2}(1 - \cos 2\omega t) \\
&= UI(1 - \cos 2\omega t)
\end{aligned}
\tag{3-10}
$$

由式（3-10）可以看出，瞬时功率总是大于等于 0 的，并且其变化频率是电流频率的 2 倍，其波形图如图 3-9 所示。

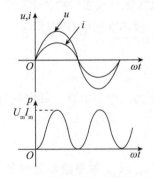

图 3-9 电阻元件功率的波形图

2）平均功率

在电工技术中，经常要用到的是**平均功率**。平均功率用大写字母 P 表示，其等于瞬时功率一个周期内的平均值，即

$$
\begin{aligned}
P &= \frac{1}{T}\int_0^T p\,\mathrm{d}t = \frac{1}{T}\int_0^T ui\,\mathrm{d}t \\
&= \frac{1}{T}\int_0^T 2UI \sin^2 \omega t\,\mathrm{d}t \\
&= \frac{1}{T}\int_0^T UI(1 - \cos 2\omega t)\,\mathrm{d}t = UI
\end{aligned}
$$

所以平均功率为

$$P = UI = I^2 R = \frac{U^2}{R}　　　(3-11)$$

平均功率是电路中实际消耗的功率，又称有功功率。

3.3.2　纯电感电路

在交流电路中，如果只有电感线圈做负载，且线圈电阻可以忽略不计，这个电路可被称为纯电感电路。

1. 电压、电流的关系

选择电流为参考量，设 $i = I_m \sin \omega t$，则根据电感元件的电压电流关系，可得

$$u = L \frac{\mathrm{d}i}{\mathrm{d}t} = L I_m \omega \cos \omega t = U_m \sin(\omega t + 90°)$$

可知电感两端的电压和流过电感的电流之间关系如下：

（1）电流和电压的频率相同；

（2）电流和电压的相位关系是 u 超前 i 90°；

（3）电流和电压的最大值和有效值关系为

$$U = L\omega I = X_L I　　或　　U_m = L\omega I_m = X_L I_m　　　(3-12)$$

上式中将 $L\omega$ 记为 X_L，称之为感抗，单位为欧姆（Ω）。

综上所述，纯电感电路中，电压和电流的相量关系为

$$\dot{U} = \mathrm{j} X_L \dot{I} = \mathrm{j} \omega L \dot{I}　　　(3-13)$$

j 为复数中的虚数的单位。纯电感电路的波形图和相量图如图 3-10 所示。

图 3-10　纯电感电路的波形图和相量图

（a）波形图；（b）相量图

2. 功率

1）瞬时功率

电感的瞬时功率为

$$p = iu = 2UI\sin \omega t \cos \omega t = UI \sin 2\omega t　　　(3-14)$$

电感元件的瞬时功率 p 是一个以 2 倍电流频率变化的正弦量，变化曲线如图 3-11 所示，在交流电的一个周期内，瞬时功率有正、有负。当瞬时功率为正时，电感元件处于受电状态，从电源取用电能；当瞬时功率为负时，电感元件处于供电状态，它把电能归还电源。这

是一种可逆的能量转换过程。

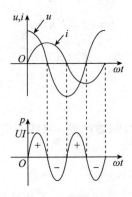

图 3-11 电感元件功率的波形图

2）平均功率

电感元件与电源之间不停地进行能量的交换，在一个周期内，电感元件从电源取用的能量与释放出的能量相等，所以电感元件并不消耗能量，只是和电源进行能量交换，因此平均功率为 0。

$$P = \frac{1}{T}\int_0^T p\mathrm{d}t = \frac{1}{T}\int_0^T UI\sin(2\omega t)\,\mathrm{d}t = 0$$

3）无功功率

电感元件虽然不消耗功率，但是电源要对它提供电流，也就是说，它仍然是电源的一种负载，要占用电源设备的容量。将电感元件瞬时功率所能达到的最大值定义为无功功率，用以衡量电感电路中能量交换的规模。无功功率用 Q 表示，单位为乏（var）或千乏（kvar）。电感的无功功率用 Q_L 表示，即

$$Q_L = UI = X_L I^2 \tag{3-15}$$

3.3.3 纯电容电路

只含有电容元件的交流电路为纯电容电路，如果电路中只有电容，并且可以忽略电容的损耗，就可将此电路看成纯电容电路。

1. 电压、电流的关系

选择电压为参考量，设 $u = u_\mathrm{m}\sin \omega t$，则根据电容元件的电压电流关系，可得

$$i = C\frac{\mathrm{d}u}{\mathrm{d}t} = U_\mathrm{m}C\omega\cos \omega t$$

$$= U_\mathrm{m}\omega C \cdot \sin(\omega t + 90°)$$

可知电容两端的电压和流过电容的电流之间关系如下：

（1）电流和电压的频率相同；

（2）电流和电压的相位关系是 i 超前 u 90°，也就是说 u 滞后 i 90°；

（3）电流和电压的最大值和有效值关系为

$$I_m = \omega C U_m \quad 或 \quad U_m = \frac{1}{\omega C} I_m = X_C I_m \tag{3-16}$$

$$U = \frac{1}{\omega C} I = X_C I \tag{3-17}$$

上式中将 $\frac{1}{\omega C}$ 记为 X_C，称之为容抗，单位为欧姆（Ω）。

综上所述，纯电容电路中，电压和电流的相量关系为

$$\dot{U} = - jX_C \dot{I} \tag{3-18}$$

纯电容电路的波形图和相量图如图 3-12 所示。

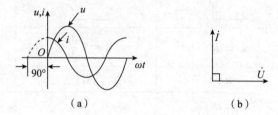

图 3-12   纯电容电路的波形图和相量图

（a）波形图；（b）相量图

2. 功率

1）瞬时功率

$$p = iu = UI\sin 2\omega t \tag{3-19}$$

由式（3-19）可以看出，电容元件的瞬时功率 p 是一个以 2 倍电流频率变化的正弦量，其波形图如图 3-13 所示。

2）平均功率

电容元件与电源之间不停地进行能量的交换，在一个周期内，电容元件从电源取用的能量与释放出的能量相等，所以电容元件并不消耗能量，只是和电源进行能量交换，因此平均功率为 0。

$$P = \frac{1}{T}\int_0^T p\,\mathrm{d}t = \frac{1}{T}\int_0^T UI\sin(2\omega t)\,\mathrm{d}t = 0$$

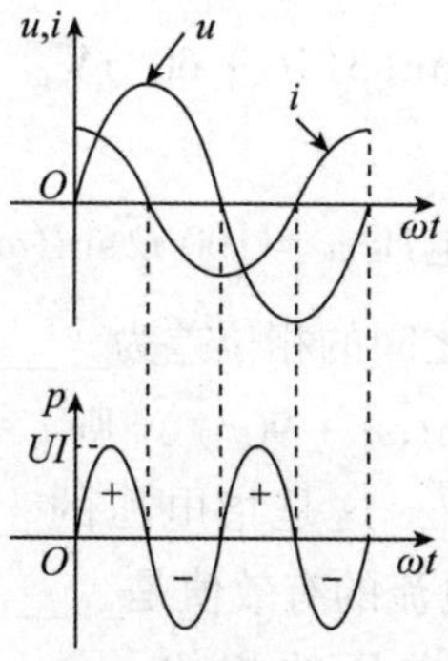

图 3-13   电容元件功率的波形图

3）无功功率

电容元件瞬时功率所能达到的最大值定义为无功功率，用以衡量电容电路中能量交换的规模。电容无功功率用 Q_C 表示。

$$Q_C = UI = X_C I^2 \qquad\qquad (3-20)$$

单一元件正弦交流电路的汇总如表 3-1 所示。

表 3-1　单一元件正弦交流电路的汇总

电路参数	R	L	C
电路图及参考方向			
基本关系	$u = iR$	$u = L\dfrac{\mathrm{d}i}{\mathrm{d}t}$	$i = C\dfrac{\mathrm{d}u}{\mathrm{d}t}$
复数阻抗	R	$\mathrm{j}X_L$	$-\mathrm{j}X_C$
有效值	$U = IR$	$U = IX_L$	$U = IX_C$
相量图			
相量式	$\dot{U} = R\dot{I}$	$\dot{U} = \mathrm{j}X_L\dot{I}$	$\dot{U} = -\mathrm{j}X_C\dot{I}$
有功功率	$P = UI$	0	0
无功功率	0	$Q = UI$	$Q = UI$

课堂习题

一、填空题

1. 正弦交流电的三要素是指_____、_____、_____。

2. 正弦交流电压 $u = 100\sqrt{2}\sin(314t + 60°)\,\mathrm{V}$，它的频率为_____，初相位为_____，有效值为_____。

3. 已知某一交流电路中，电源电压 $u = 100\sqrt{2}\sin(\omega t - 30°)\,\mathrm{V}$，电路中通过的电流 $i = \sqrt{2}\sin(\omega t - 90°)\,\mathrm{A}$，则电压和电流之间的相位差为_____。

4. 已知 $i_1 = 10\sin\omega t$，$i_2 = 10\sin(\omega t + 90°)$，则 $i_1 + i_2 = $ _____ A。

5. 市用照明电的电压为 220 V，这是指电压的_____，接入一个标有"220 V，100 W"的灯泡后，灯丝上通过的电流的有效值是_____，电流的最大值是_____。

6. 在纯电阻电路中，电流与电压的相位_____；在纯电容电路中，电压相位_____电流相位 90°；在纯电感电路中，电压相位_____电流相位 90°。

二、判断下列各式是否正确

1. $i = 10\sin(\omega t - 30)\,\text{A} = 10 \angle{-30°}$ （　　）

2. $I = 5 \angle{45°}\,\text{A}$ （　　）

3. $U = 20 \angle{60°}\,\text{V} = 20\sqrt{2}\sin(\omega t + 60°)\,\text{V}$ （　　）

项目实施

一、原理说明

白炽灯电路是最简单的照明电路，电路中使用的白炽灯为纯电阻性负载，在日常生活和工作中接触到的电炉、电烙铁等也都属于电阻性负载，它们与交流电源连接组成纯电阻电路。纯电阻电路中电流、电压和功率之间的关系完全可以应用到白炽灯电路中。

双联开关的结构图前面项目引入已经给出，双联开关有 3 个接线桩头，其中桩头 1 为连铜片（简称连片），它就像一个活动的桥梁，无论怎么按动开关，连片 1 总要跟桩头 2、3 中的一个保持接触，从而达到控制电路通断的目的。

二、实训器材

项目 3 实训器材如表 3-2 所示。

表 3-2　项目 3 实训器材

序号	名称	规格	数量
1	指针式万用表	/	1
2	双联开关	/	1
3	白炽灯	220 V/25 W	2
4	螺口、卡口灯座	/	各 1
5	插座	五孔	1
6	尖嘴钳	/	1
7	电笔	/	1
8	导线	/	若干

三、安装调试

1. 布线

根据电路各零部件的大小在实验板上进行合理布局定位，然后使用线卡在实验板上进行合理布线。

2. 测试双联开关并固定

首先找出开关的中间点，将双联开关的 3 个接线桩头定位 1、2、3 点。用万用表测量 1 点和 2 点是否连通，如果连通，把开关按钮按到另一处，再测 1 点和 3 点，如果也是连通的，就可以得知 1 点是中间点。然后将一个双联开关的 1 点接到灯座，灯座的另一条线接到零线，全部线路共用一条零线。

3. 灯泡灯座的安装

在安装灯泡灯座时应该注意以下几点。

（1）螺口灯座的外螺口一定要接到零线上，避免意外接触到螺丝套而触电，也防止更换灯泡时出现危险，中间（顶部铜片）接火线，将相线接成控制线（串联开关）。接线前必须检查顶部的铜片是否紧固，是否歪斜。

（2）导线端绝缘剥落，过长容易造成短路；过短容易接触不良，接触电阻过大、过热而造成火灾。

4. 插座的安装

照明电路中一般选用双孔插座，但在公共场所、地面具有导电性物质或电气设备有金属壳体时，应选用三孔插座。如图 3-14 所示，L 表示火线，N 表示零线。插座安装时，应该特别注意接线插孔的极性。

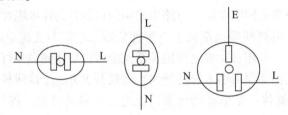

图 3-14　插座插孔极性示意

（1）单相双孔插座水平安装时，左零（线）右火（线）；竖直排列时，下零上火。

（2）单相三孔插座下边两孔接电源线，左零右火，上边大孔接保护接地线。

5. 电路连接

按照电路图完成电路的连接。

6. 通电测试

接好电路，用万用表检查电路通断。检查合格后，闭合开关，通电测试，观察白炽灯的亮灭情况。

四、结果分析

（1）配线长度要适度，线头在接线桩上压接不能压住绝缘层，压接后裸线部分不得大于 1 mm。

（2）线头压接要牢固，稍用力拉扯不应有松动感。

（3）走线横平竖直，分布均匀。转角圆成 90°，弯曲部分自然圆滑，弧度全电路保持一致，尽量避免接头，如果有接头，尽量放在暗盒里。

（4）长线沉底，走线成束，同一平面内不允许有交叉线。若必须交叉，则应在交叉点架空跨越，两线间距不小于 2 mm。为避免交叉碰线，在每根导线上套上塑料管或绝缘管，并将套管固定。

项目拓展

家庭用电设备种类很多，有机会可去房屋装修现场参观一下电工人员是如何为新居装修布线的，总结布线时应注意的问题。

项目 4　日光灯电路的安装与故障检测

项目引入

　　日光灯的发光效率高、光线柔和、节能效果好，因此应用广泛。随着技术的发展，电子镇流器式日光灯已经被普遍使用。而电感镇流器式日光灯，因为高频辐射很小、价格便宜、制造工艺简单，也一直被使用。

　　家庭所用的日光灯照明线路由镇流器、启辉器、灯管等组成，其中镇流器为电感器件，灯管可看作电阻器件，采用 220 V 单相交流电源供电。通过对日光灯电路的安装、分析、测试，读者可熟悉电路的组成及各部件的作用，掌握电感和电容的交流频率特性、单相交流电路电感性负载的分析、计算方法。

知识储备

4.1　正弦交流电路的分析

4.1.1　电路定律的相量形式

　　一般来说，对于正弦交流电路，相量的幅值（最大值或有效值）不能相加减，但瞬时值可以直接相加减。由于基尔霍夫定律是针对某一时刻而言的，因此基尔霍夫定律可写为

$$\sum i(t) = 0$$

$$\sum u(t) = 0$$

将电压、电流、电动势均用相量表示，则基尔霍夫定律的相量形式也成立。对于 KCL，任意瞬间流入某结点的电流相量之和为 0，即

$$\sum \dot{I} = 0 \quad 或 \quad \sum \dot{I}_{\mathrm{m}} = 0$$

对于 KVL，任意瞬间某回路的电压相量之和为 0，即

$$\sum \dot{U} = 0 \quad 或 \quad \sum \dot{U}_{\mathrm{m}} = 0$$

在正弦交流电路中，只要使用相量形式，则前面所学的叠加定理、戴维南定理等也都适用，只是要注意各定理中的电压电流均为相量形式，元件的参数均为复数阻抗形式。

4.1.2 串联正弦交流电路的分析

1. 复数阻抗

RLC 串联交流电路如图 4-1 所示，当电路两端加上正弦交流电压时，电路中将产生正弦交流电流，同时在各元件上分别产生 u_R、u_L、u_C。选择电流 i 为参考正弦量，即

$$i = \sqrt{2}I\sin \omega t$$

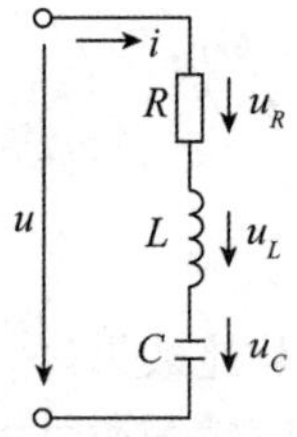

图 4-1 *RLC* 串联交流电路

则电阻电压 u_R、电容电压 u_C、电感电压 u_L 分别为

$$u_R = \sqrt{2}IR\sin \omega t$$

$$u_C = \sqrt{2}I(\frac{1}{\omega C})\sin(\omega t - 90°)$$

$$u_L = \sqrt{2}I(\omega L)\sin(\omega t + 90°)$$

用相量形式表示，则分别为

$$\dot{U}_R = \dot{I}R$$

$$\dot{U}_C = \dot{I}(-\mathrm{j}X_C)$$

$$\dot{U}_L = \dot{I}(\mathrm{j}X_L)$$

根据基尔霍夫电压定律，有

$$u = u_R + u_L + u_C$$

用相量表示，则有

$$\dot{U} = \dot{U}_R + \dot{U}_L + \dot{U}_C$$

以 $\dot{I}$ 为参考相量，则 $\dot{I} = I\angle 0°$，总电压与总电流的关系式为

$$\dot{U} = \dot{I}R + \dot{I}(\mathrm{j}X_L) + \dot{I}(-\mathrm{j}X_C)$$

$$\dot{U} = \dot{I}R + \dot{I}(jX_L) + \dot{I}(-jX_C)$$

$$= \dot{I}Z \tag{4-1}$$

式（4-1）称为复数形式的欧姆定律。式中，$R + j(X_L - X_C)$ 称为复数阻抗，用大写字母 Z 表示，单位是欧姆（Ω）。复数阻抗也可用模和阻抗角的形式（即极坐标形式）来表示，即

$$Z = R + j(X_L - X_C) = |Z| \angle \varphi \tag{4-2}$$

2. 相量图

以电流为参考相量，依次画出 $\dot{I}$、$\dot{U}_R$、$\dot{U}_L$、$\dot{U}_C$、$\dot{U}$ 的相量图，如图 4-2 所示。

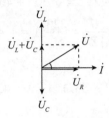

图 4-2　串联交流电路相量图

由 $\dot{U}_R$、$\dot{U}_L + \dot{U}_C$、和 $\dot{U}$ 所组成的直角三角形称为电压三角形。由三角形可知

$$U = \sqrt{U_R^2 + (U_L - U_C)^2}$$

$$= \sqrt{(IR)^2 + (X_L I - X_C I)^2}$$

$$= I\sqrt{R^2 + (X_L - X_C)^2}$$

上式也可以表示为

$$\frac{U}{I} = \sqrt{R^2 + (X_L - X_C)^2} = |Z|$$

$|Z|$ 对电流起阻碍作用，称为电路的阻抗模。$|Z|$、R、$X_L - X_C$ 也可构成直角三角形，称为阻抗三角形，它与电压三角形相似。由三角形可知，电源电压与电流的相位差（阻抗角）为

$$\varphi = \arctan\frac{U_L - U_C}{U_R} = \arctan\frac{X_L - X_C}{R} \tag{4-3}$$

3. 复数阻抗的进一步说明

Z 是一个复数，但并不是正弦交流量，上面不能加点。Z 在方程式中只是一个运算工具。Z 和总电流、总电压的关系可由复数形式的欧姆定律来表示：

$$\dot{U} = \dot{I}Z$$

用有效值表示则为

$$|Z| = \frac{U}{I}$$

$$\varphi = \varphi_u - \varphi_i = \arctan\frac{X_L - X_C}{R}$$

Z 和电路性质的关系：$X_L > X_C$，即 $\varphi > 0$，表示 u 超前 i 一个 φ 角，这种电路称为感性电路，或者说电路呈现电感性；$X_L < X_C$，即 $\varphi < 0$，表示 u 滞后 i 一个 φ 角，这种电路称为容性电路，或者说电路呈现电容性；$X_L = X_C$，即 $\varphi = 0$，表示 u、i 同相，称为电阻性电路。

【例 4-1】 如图 4-3 所示，$R = 30\ \Omega$，$X_L = 40\ \Omega$，$u = 220\sqrt{2}\sin(\omega t + 20°)\,\text{V}$。求电路的电流 i。

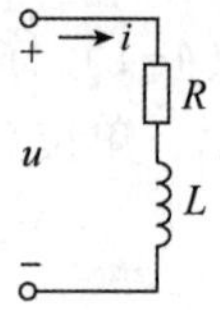

解：（1）感性电路，电流滞后电压 φ 角：

$$\varphi = \arctan\frac{X_L}{R} = \arctan\frac{40}{30} = 53.1°$$

图 4-3 【例 4-1】电路

电路的阻抗模为

$$|Z| = \sqrt{R^2 + X_L{}^2} = \sqrt{30^2 + 40^2}\ \Omega = 50\ \Omega$$

$$I = \frac{U}{|Z|} = \frac{220}{50}\,\text{A} = 4.4\ \text{A}$$

所以可求得

$$i = 4.4\sqrt{2}\sin\left[\omega t + (20° - 53.1°)\right]\,\text{A} = 4.4\sqrt{2}\sin(\omega t - 33.1°)\,\text{A}$$

（2）用相量求解。

电压相量为

$$\dot{U} = 220\ \underline{/20°}\,\text{V}$$

复数阻抗为

$$Z = R + \text{j}X_L = (30 + \text{j}40)\,\Omega = 50\ \underline{/53.1°}\,\Omega$$

电流相量为

$$\dot{I} = \frac{\dot{U}}{Z} = \frac{220\ \underline{/20°}}{50\ \underline{/53.1°}}\,\text{A} = 4.4\ \underline{/-33.1°}\,\text{A}$$

可写出瞬时值表达式为

$$i = 4.4\sqrt{2}\sin(\omega t - 33.1°)\,\text{A}$$

▶▶ 4.1.3 阻抗串并联电路

1. 阻抗串联电路

图 4-4 为两个阻抗串联的电路，按图所示选择电流为参考方向，则有

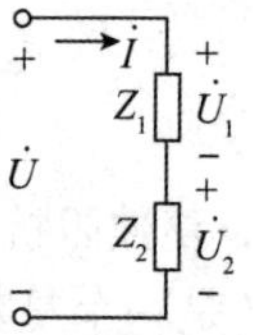

$$\dot{U} = \dot{U}_1 + \dot{U}_2$$

图 4-4 阻抗的串联

$$= Z_1\dot{I} + Z_2\dot{I} = (Z_1 + Z_2)\dot{I}$$

用等效阻抗 Z 代替两个串联的阻抗，则有

$$Z = Z_1 + Z_2 \tag{4-4}$$

$$\dot{U} = Z\dot{I} \tag{4-5}$$

设

$$Z_1 = R_1 + j(X_{L1} - X_{C1})$$
$$Z_2 = R_2 + j(X_{L2} - X_{C2})$$

则

$$Z = Z_1 + Z_2 = (R_1 + R_2) + j(X_{L1} + X_{L2} - X_{C1} - X_{C2})$$
$$Z = R + jX$$

两个阻抗串联的电路中，总阻抗就等于两个复数阻抗相加，即实部、虚部分别相加。另外，项目 1 介绍的两个电阻串联的分压公式依然适用于阻抗串联的电路，即

$$\dot{U}_1 = \frac{Z_1}{Z_1 + Z_2}\dot{U} \qquad \dot{U}_2 = \frac{Z_2}{Z_1 + Z_2}\dot{U} \tag{4-6}$$

2. 阻抗并联电路

图 4-5 为两个阻抗并联的电路，按图所示选择电压为参考方向，则有

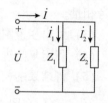

图 4-5 阻抗的并联

$$\dot{I} = \dot{I}_1 + \dot{I}_2 = \frac{\dot{U}}{Z_1} + \frac{\dot{U}}{Z_2} = \left(\frac{1}{Z_1} + \frac{1}{Z_2}\right)\dot{U}$$

用等效阻抗 Z 代替两个并联的阻抗，则有

$$\frac{1}{Z} = \frac{1}{Z_1} + \frac{1}{Z_2} \tag{4-7}$$

$$\dot{I} = \frac{\dot{U}}{Z} \tag{4-8}$$

在两个阻抗并联的电路中，总阻抗类似于电阻并联的计算方法。项目 1 介绍的两个电阻并联的分流公式依然适用于阻抗并联的电路，即

$$\dot{I}_1 = \frac{Z_2}{Z_1 + Z_2}\dot{I} \qquad \dot{I}_2 = \frac{Z_1}{Z_1 + Z_2}\dot{I} \tag{4-9}$$

【例 4-2】有两个阻抗，$Z_1 = (3 + j4)\,\Omega$，$Z_2 = (8 - j6)\,\Omega$，并联接在 $\dot{U} = 220\angle 0°\text{V}$ 的电源上，求 $\dot{I}_1$、$\dot{I}_2$、$\dot{I}$，并画出相量图。

解：$\dot{I}_1 = \dfrac{\dot{U}}{Z_1} = \dfrac{220\angle 0°}{5\angle 53°}\text{A} = 44\angle -53°\text{A}$

$\dot{I}_2 = \dfrac{\dot{U}}{Z_2} = \dfrac{220\angle 0°}{10\angle -37°}\text{A} = 22\angle 37°\text{A}$

$\dot{I} = \dot{I}_1 + \dot{I}_2 = (44\angle -53° + 22\angle 37°)\,\text{A} = 49.2\angle -26.5°\text{A}$

【例 4-2】的相量图如图 4-6 所示。

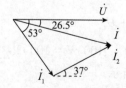

图 4-6 【例 4-2】的相量图

4.1.4 正弦交流电路的分析步骤

在正弦交流电路中，若正弦量用相量表示，电路参数用复数阻抗表示，则直流电路中介绍的基本定律、公式、分析方法都适用。具体步骤如下。

（1）据原电路图画出相量模型图。**将各支路的电流、电压用相量表示，各元件的参数用复数阻抗表示**，即

$$R \to R \quad L \to jX_L \quad C \to -jX_C$$

$$u \to \dot{U} \quad i \to \dot{I} \quad e \to \dot{E}$$

（2）设定参考相量。一般来说，串联电路设支路电流为参考相量，并联电路设电压为参考相量。

（3）画出相量图或列出相量方程式。

（4）利用复数进行相量运算或用相量图求解。

（5）将结果的相量形式变换成要求的形式。

【例 4-3】 在图 4-7 中，$I_1 = 10$ A 、$U_{AB} = 100$ V，求 $\dot{I}$ 和 $\dot{U}$。

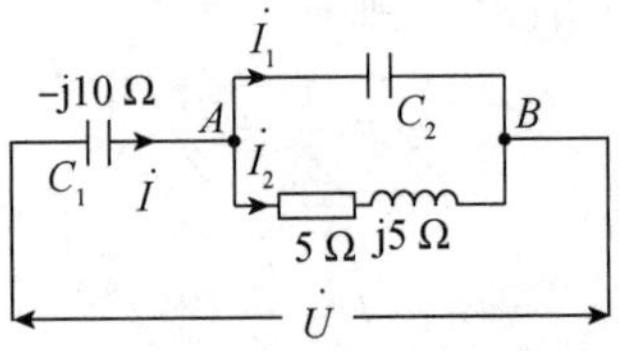

<figure>
-j10 Ω $\dot{I}_1$ C_2 B

C_1 $\dot{I}$ A $\dot{I}_2$

5 Ω j5 Ω

$\dot{U}$

图 4-7 【例 4-3】电路
</figure>

解：设 $\dot{U}_{AB}$ 为参考相量，即

$$\dot{U}_{AB} = 100 \underline{/0°} \text{ V}$$

则

$$\dot{I}_2 = \frac{\dot{U}_{AB}}{Z_2} = \frac{100 \underline{/0°}}{5 + j5} \text{A} = 10\sqrt{2} \underline{/-45°} \text{ A}$$

$\dot{I}_1$ 支路是纯电容电路，所以

$$\dot{I}_1 = 10 \underline{/90°} \text{ A} = j10 \text{ A}$$

$$\dot{I} = \dot{I}_1 + \dot{I}_2 = 10 \underline{/0°} \text{ A}$$

所以

$$\dot{U}_{C_1} = \dot{I}(-j10) = -j100 \text{ V}$$

$$\dot{U} = \dot{U}_{AB} + \dot{U}_{C_1}$$

$$= (100 - j100) \text{V} = 100\sqrt{2} \underline{/-45°} \text{ V}$$

【例 4-3】的相量图如图 4-8 所示。

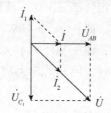

图 4-8　【例 4-3】的相量图

4.2　功率和功率因数的提高

4.2.1　功率和功率因数

1. 瞬时功率

任意时刻电流 i 与电压 u 的乘积为瞬时功率 p。设

$$i = I_m \sin \omega t$$
$$u = U_m \sin(\omega t + \varphi)$$

则有

$$p = ui = U_m I_m \sin \omega t \sin(\omega t + \varphi)$$
$$= UI\cos \varphi - UI\cos(2\omega t + \varphi) \tag{4-10}$$

可见，瞬时功率 p 由两部分组成：$UI\cos\varphi$ 是恒定分量，不随时间的变化而变化；而 $-UI\cos(2\omega t + \varphi)$ 是随时间变化的正弦量，其频率是电源频率的 2 倍。

2. 有功功率

瞬时功率在一个周期内的平均值称为有功功率，用大写字母 P 表示，单位是瓦特（W）。由定义可知

$$P = \frac{1}{T}\int_0^T p\mathrm{d}t = \frac{1}{T}\int_0^T \left[UI\cos \varphi - UI\cos(2\omega t + \varphi) \right]\mathrm{d}t = UI\cos \varphi$$

由公式可知，有功功率不仅与电流和电压的有效值有关，还和电压与电流的相位差有关。实际上有功功率 P 是电路实际消耗的功率，前面讨论过，只有电阻元件是耗能元件，而电容和电感只进行能量的转换。所以有功功率就是电阻消耗的总功率，即

$$P = U_R I$$

式中，$U_R = U\cos \varphi$。
所以

$$P = UI\cos \varphi \tag{4-11}$$

式中，$\cos \varphi$ 为功率因数，有时也用 λ 来表示，即 $\lambda = \cos \varphi$。功率因数是交流电路中的一个重要概念，将在后面进行讨论。

3. 无功功率

电路中的电感、电容虽然不消耗能量，但存在和电源的能量交换。无功功率表示交流电路与电源之间进行能量交换的规模，是电路与电源进行能量交换的最大值。这部分能量没有被消耗掉，而是变成了其他形式的能量储存。无功功率的单位是乏（var），其大小为

$$Q = UI\sin \varphi \tag{4-12}$$

对于电阻性电路，电压与电流同相，即 $\varphi = 0$，所以 $Q = 0$。

对于电感性电路，电压超前电流，即 $0° < \varphi < 90°$，所以 $Q > 0$。

对于电容性电路，电压滞后电流，即 $-90° < \varphi < 0°$，所以 $Q < 0$。

当电路中同时有电容和电感存在时，电路的总无功功率应为两者无功功率的和，即电路的总无功功率为

$$Q = Q_L + Q_C$$

式中，Q_L 为正值，Q_C 为负值。

4. 视在功率

在交流电路中，总电压与总电流有效值的乘积称为视在功率，它代表交流电源可以向电路提供的最大功率。视在功率用 S 表示，单位为伏安（V·A），即

$$S = UI \tag{4-13}$$

功率因数又可定义为有功功率与视在功率的比值，即

$$\lambda = \cos \varphi = \frac{P}{S} \tag{4-14}$$

由此可知，3 种功率间的关系为

$$P = S\cos \varphi \tag{4-15}$$

$$Q = S\sin \varphi \tag{4-16}$$

$$S = \sqrt{P^2 + Q^2} \tag{4-17}$$

$$Q = P\tan \varphi \tag{4-18}$$

S、P、Q 符合直角三角形关系，称为功率三角形，如图 4-9 所示。

图 4-9　功率三角形

P、Q 都是代数量，因此应该等于各支路或各元件的功率的代数和。在分析和计算视在功率时，要注意电路的总视在功率在一般情况下不等于各支路或各元件的视在功率的代数和。功率 P、Q、S 都不是正弦量，所以不能用相量表示。

【例 4-4】如图 4-10 所示，负载 Z_1 是 40 W、功率因数为 0.5 的日光灯 100 只，负载 Z_2 是 100 W 的白炽灯 40 只。已知 $U = 220$ V，求电路的总电流 I 和总功率因数 λ。

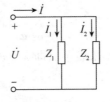

图 4-10　【例 4-4】电路

解：$P = P_1 + P_2$
$$= (40 \times 100 + 100 \times 40) \text{W} = 8\ 000 \text{ W}$$

根据功率三角形，有

$$Q = Q_1 + Q_2 = P_1\tan\varphi_1 + P_2\tan\varphi_2$$

$$= (40 \times 100\tan 60° + 100 \times 40 \times \tan 0°)\ \text{var} = 6\ 928.2\ \text{var}$$

$$S = \sqrt{P^2 + Q^2} = 10\ 583\ \text{V} \cdot \text{A}$$

$$I = \frac{S}{U} = 48.15\ \text{A}$$

$$\lambda = \cos\varphi = \frac{P}{S} = 0.756$$

4.2.2　功率因数的提高

1. 功率因数提高的意义

功率因数是有功功率与视在功率的比值。功率因数的大小与负载的性质有关，白炽灯等电阻性电路的功率因数为1，电动机等电感性或电容性电路的功率因数都小于1。表4-1列出了常见电路的功率因数。

表4-1　常见电路的功率因数

电路	功率因数
纯电阻电路	$\cos\varphi = 1$
纯电感或纯电容电路	$\cos\varphi = 0$
RLC 串并联电路	$0 < \cos\varphi < 1$
电动机空载	$\cos\varphi = 0.2 \sim 0.3$
电动机满载	$\cos\varphi = 0.7 \sim 0.9$
日光灯	$\cos\varphi = 0.5 \sim 0.6$

功率因数低会引起以下不良后果。

（1）降低供电设备的利用率，电源设备的容量不能得到充分利用。发电机或变压器等电源设备在保证输出的电流和电压不超过额定值的情况下，功率因数越低，发电设备输出的有功功率越小，设备的利用率越低。例如，当供电设备的容量 $S_N = 1\ 000\ \text{kV} \cdot \text{A}$ 时，如果功率因数 $\cos\varphi = 0.5$，则输出的有功功率 P 为 500 kW，而当 $\cos\varphi = 0.9$ 时，输出的有功功率 P 可达到 900 kW。

（2）增加供电设备和输电线路的功率损失。根据公式 $I = \dfrac{P}{U\cos\varphi}$，当电路的有功功率 P 和电压 U 一定时，$\cos\varphi$ 越小，电路中电流就越大，这就增大了电路和用电设备的功率损耗，也增加了电路线路上的电压降。

因此，供用电规则指出，高压供电的工业企业的平均功率因数应不低于 0.95，其他单位不低于 0.9。

2. 提高功率因数的方法

在生产和生活中大量使用着功率因数较低的感性负载。例如，异步电动机满载时的功率因数为 0.7~0.9，电焊变压器的功率因数为 0.35~0.45，日光灯的功率因数为 0.5~0.6，因此有必要采取措施提高电路的功率因数。这里以提高感性负载为例，说明提高功率因数的方法。

提高功率因数并非改变用电设备本身的功率因数，而是在保证负载正常工作不受影响的前提下，提高整个电路的功率因数。多采用在感性负载两端并联电容的方法来补偿无功功率，提高电路的功率因数。

以图4-11为例来说明感性负载采用并电容的方法来提高功率因数的原理。并联电容前，电路的总电流是负载的电流 $\dot{I}_L$，电路的功率因数是负载的功率因数 $\cos \varphi_L$。并联电容后，电路的总电流 $\dot{I} = \dot{I}_C + \dot{I}_L$，电路的功率因数变为 $\cos \varphi$。因为 $\varphi < \varphi_L$，所以 $\cos \varphi > \cos \varphi_L$。只要并联合适的电容，便可有效提高电路的功率因数，但是负载的工作不会受到影响。所需并联电容的电容量为

$$C = \frac{P}{\omega U^2}(\tan \varphi_L - \tan \varphi) \tag{4-19}$$

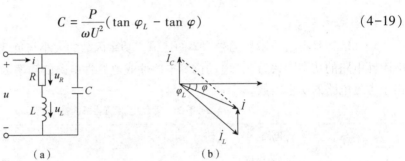

图 4-11 提高功率因数

（a）电路图；（b）相量图

综上所述，并联电容后：

（1）电路的功率因数提高，电路的总电流减小，电路总视在功率减小；

（2）原感性支路的工作状态不变，即支路的功率因数不变，电流不变；

（3）电路总的有功功率不变，因为电阻没有变，所以消耗的功率也不变。

【例4-5】有一个感性负载，其功率 $P = 10\,kW$，功率因数 $\cos \varphi = 0.6$，将其接在电压 $U = 220\,V$，频率 $f = 50\,Hz$ 的电源上。将功率因数提高到 $\cos \varphi = 0.95$，需要并联多大的电容？同时求出并联电容前后电路的电流。

解：$\cos \varphi = 0.6$，$\varphi = 53°$，$\tan \varphi = 1.33$

$\cos \varphi = 0.95$，$\varphi = 18°$，$\tan \varphi = 0.32$

$$C = \frac{P}{\omega U^2}(\tan \varphi_L - \tan \varphi) = \frac{10 \times 1000}{2 \times 3.14 \times 50 \times 220^2}(\tan 53° - \tan 18°)\,\mu F = 656\,\mu F$$

并联电容前电路的电流为

$$I_L = \frac{P}{U\cos \varphi} = \frac{10 \times 10^3}{220 \times 0.6}\,A = 75.6\,A$$

并联电容后电路的电流为

$$I = \frac{P}{U\cos \varphi} = \frac{10 \times 10^3}{220 \times 0.95}\,A = 47.8\,A$$

课堂习题

一、填空题

1. 感性电路提高功率因数的方法是_____。

2. 在并联交流电路中，支路电流的有效值_____（填有或者没有）可能大于总电流。

3. 市用照明电的电压为 220 V，这是指电压的_____，接入一个标有"220 V，100 W"的灯泡后，灯丝上通过的电流的有效值是_____，电流的最大值是_____。

4. 在纯电阻电路中，电流与电压的相位_____；在纯电容电路中，电压相位_____电流相位 90°；在纯电感电路中，电压相位_____电流相位 90°。

5. 在 RLC 并联电路中，若 $R = X_L = X_C$，$I = 10$ A，则 I_R = _____ A，I_L = _____ A，I_C = _____ A。若 U 不变，而 f 变大，则 I _____（填增大或减小）。若 U 不变，而 f 减小，则 I _____（填增大或减小）。

6. 电感性负载串联电容_____（填能或者不能）提高电路的功率因数。

二、在 RLC 串联电路中判断下列各式是否正确

1. $|Z| = R + X_L + X_C$（　　　）

2. $U = RI + X_L I + X_C I$（　　　）

3. $U = U_R + U_L + U_C$（　　　）

4. $u = |Z|i$（　　　）

三、综合题

1. 在图 4-12 所示电路中，$R = 10$ Ω，$X_L = 20$ Ω，$X_C = 10$ Ω，电压 $U = 220 \angle 0$ V。试求：

（1）电流有效值 I_1、I_2、I；

（2）电路的有功功率 P。

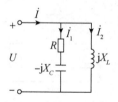

图 4-12　综合题 1 图

2. 在图 4-13 所示电路中，$\dot{U} = 10$ V，角频率 $\omega = 3\,000$ rad/s，$R = 100$ Ω，$I = 100$ mA，电容电压 $U_C = 200$ V。试求 L、C。

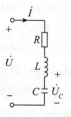

图 4-13　综合题 2 图

3. 两台单相交流电动机在 220 V 交流电源上工作，取用的有功功率和功率因数分别为 $P_1 = 1\,\mathrm{kW}$，$\lambda_1 = 0.8$，$P_2 = 0.5\,\mathrm{kW}$，$\lambda_2 = 0.707$。求总电流、总有功功率、无功功率、视在功率和总功率因数。

4. 将图 4-14 所示日光灯电路，接于 220 V、50 Hz 交流电上工作，测得灯管电压为 100 V、电流为 0.4 A、镇流器的功率为 7 W。

（1）求灯管的电阻 R_L 及镇流器的电阻和电感；

（2）求灯管消耗的有功功率、电路总有功功率及电路的功率因数；

（3）欲使功率因数提高到 0.9，需并联多大的电容？

（4）画出完整的相量图。

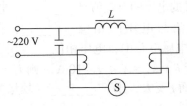

图 4-14　综合题 4 图

项目实施

一、原理说明

1. 日光灯的组成

本次实训所用的负载是 30 W 日光灯。整个实训电路由灯管、镇流器和启辉器组成，如图 4-15 所示。镇流器是一个铁芯线圈，因此日光灯是一个感性负载。

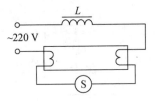

图 4-15　日光灯的组成

2. 日光灯的工作原理

日光灯管内壁上涂有荧光物质，管内抽成真空，并允许有少量汞蒸气，灯管两端各有一个灯丝串联在电路中，灯管的启辉电压为 400~500 V，启辉后灯管电压约为 100 V（30 W 日光灯的管压降），所以日光灯不能直接在 220 V 电源上使用。启辉器相当于一个自动开关，它有两个靠得很近的电极，其中一个电极由双金属片制成，使用电源时，两电极之间会产生放电，双金属片电极热膨胀使两电极接通，此时灯丝也被通电加热。当两电极接通后，两电极放电现象消失，双金属片因降温而后收缩，使两极分开。在两极分开的瞬间，镇流器将产生很高的自感电压，该自感电压和电源电压一起加到灯管两端，产生紫外线，从而涂在管壁上的荧光粉发出可见光。当灯管启辉后，镇流器又起着降压限流的作用。

二、实训器材

项目 4 实训器材如表 4-2 所示。

表 4-2   项目 4 实训器材

序号	名称	型号与规格	数量
1	灯管及灯座	30 W	1
2	镇流器	30 W	1
3	启辉器及底座	30 W	1
4	单控开关	/	1
5	导线	/	若干
6	绝缘胶布	/	若干
7	万用表	/	1

三、安装调试

（1）检测各元件的完好性。

①日光灯的检测方法。选择万用表电阻挡，将转换开关拨在 $R \times 1$ 挡。用万用表分别测量灯管的灯丝电阻，若电阻很大（趋于 ∞），则说明灯丝已断，灯管损坏。

②镇流器的检测方法。用万用表测量其直流电阻，记下所测的阻值。若直流电阻很大，说明镇流器已损坏。

（2）电路的安装。参照图 4-15 布线安装。首先将各器件固定到灯架上，并标明各器件的位置，尤其是接线柱和孔的位置，以便布线时方便定位。在灯架上铺设导线并连接各器件。根据各器件的位置确定导线的长度，去除绝缘层，进行连接，导线连接处用绝缘胶带进行绝缘处理。在电源火线上接熔断器及电源开关。

将安装好的电路检查一遍，看看有无错接、漏接等。

（3）不接通电源，用万用表检测并记录表 4-3 中项目。

表 4-3   检测结果

检测项目	正确结果	测量结果（阻值）
火线和零线的电阻	∞	
启辉器一侧和火线之间的电阻	镇流器和灯丝电阻之和	
启辉器另一侧和零线之间的电阻	灯管灯丝的电阻	

（4）安装检查完成，指导老师检查后，方可通电。接通电源后，查看日光灯能否正常点亮，不亮则继续检查。检查开关能否控制灯管亮灭，发现问题及时检修。

（5）电路检查无误后，测量表 4-4 中数据并记录。

表 4-4   测量结果

测量条件	镇流器两端电压 U_L	灯管两端电压 U_R	电源电压 U
启动瞬间			
正常发光后			

四、思考题

（1）将开关接在零线上会有什么后果？

（2）如果灯管的亮度不够，可能是什么原因导致的？

（3）布线的时候都应注意哪些问题？

项目拓展

（1）结合本次实训内容，进一步考虑能否通过图 4-15 所示电路，提高家庭用电的功率因数，节约用电费用，使电源容量得到充分利用，还可以降低线路的损耗，从而提高用电传输效率。

（2）请结合本项目所学的日光灯电路，查阅电表的工作原理，回答网上销售的节电器、省电王等产品，是否真的能够节电呢？

项目5 三相电动机的星形与三角形连接

项目引入

现在各种生产机械、家用电器等大多用电动机作为动力源，其中三相电动机的应用更普遍。电动机依靠三相电源对其供电，电力系统普遍采用三相电源供电，发电和输配电都采用三相制。由三相电源供电的电路称为三相电路，前面介绍的交流电路只是三相电路中的一相。三相电动机作为工农业生产上的主要用电负载，其有星形与三角形两种连接方式。本项目学习三相电动机的星形与三角形连接，通过项目的实践来深刻理解和掌握三相电源和三相负载的知识点。

知识储备

5.1 三相电源

5.1.1 三相供电的优点

工业上普遍采取三相交流的供电方式，其具有如下优点：

(1) 输配电相对更经济，相对于单相制来说，三相制所需导线的材料更少；

(2) 三相电流可以作为三相电动机的电源，使用较为广泛；

(3) 三相发电机结构简单，成本低，易于发电。

5.1.2　三相交流电源的产生

三相交流电源一般来自发电机或变压器副边的三相绕组。图5-1为三相交流发电机结构图，其主要由定子和转子组成。定子铁芯内有圆冲槽，用以放置三相绕组，每相绕组相同，如图5-2所示。它们的始端标以 A、B、C，末端标以 X、Y、Z，3个线圈在空间位置各差120°。

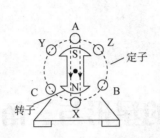

图5-1　三相交流发电机结构图

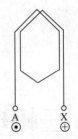

图5-2　绕组示意

转子装有磁极并使空气隙中的磁感应强度按正弦规律分布。当转子由原动机带动以 ω 的角速度旋转时，根据动磁生电的原理，3个线圈中便产生3个频率相同、幅值相等的单相正弦电动势，相序为 A、B、C。相序是指三相电动势由超前相到滞后相的顺序。以 A 相位为参考相量，则三相电动势分别为

$$\begin{cases} e_A = E_m \sin \omega t \\ e_B = E_m \sin(\omega t - 120°) \\ e_C = E_m \sin(\omega t - 240°) = E_m \sin(\omega t + 120°) \end{cases} \tag{5-1}$$

用相量表示为

$$\begin{cases} \dot{E}_A = E \angle 0° \\ \dot{E}_B = E \angle -120° \\ \dot{E}_C = E \angle +120° \end{cases} \tag{5-2}$$

三相对称交流电的波形图和相量图如图5-3所示。

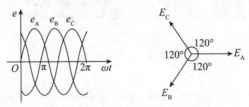

图5-3　三相对称交流电的波形图和相量图

在电工技术中，把这种幅值相等、频率相等、相位依次相差120°的三相电动势称为三相对称电动势，能供给三相对称电动势的电源称为三相对称电源。

5.1.3　三相正弦交流电源的连接

在生产中，三相交流发电机的3个绕组都是按一定方式连接起来向负载供电的，通常有

两种连接方式：一种是星形连接，用符号 Y 表示；另一种是三角形连接，用符号△表示。

1. 星形连接

三相发电机的 3 个绕组一般都采用星形连接，如图 5-4 所示。将电源三相绕组的末端 X、Y、Z 连接在一起，成为一个公共点，由 3 个始端 A、B、C 分别引出 3 条导线，这种连接方式称为星形连接。其中公共点称为中性点或零点，用 N 表示；从中性点引出的导线称为中性线，俗称零线。中性线通常与大地相连，又称地线。从 3 个始端引出的 3 条导线称为相线，俗称火线。具有中性线的供电方式称为三相四线制，无中性线只引出 3 条相线的供电方式称为三相三线制，低压供电网均采用三相四线制。

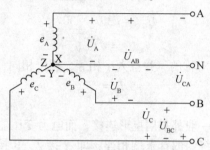

图 5-4   三相电源的星形连接

三相电源星形接法时可以引出两组电压，相线与中性线之间的电压称为相电压，用 $\dot{U}_A$、$\dot{U}_B$、$\dot{U}_C$ 表示，有效值一般用 U_P 表示；而任意两相线间的电压称为线电压，用 $\dot{U}_{AB}$、$\dot{U}_{BC}$、$\dot{U}_{CA}$ 表示，有效值一般用 U_L 表示。

相电压的参考方向选定为自绕组的始端指向末端（中性点），线电压的参考方向由下标决定，如 U_{AB} 表示由 A 指向 B。

根据 KVL 有

$$\dot{U}_{AB} = \dot{U}_A - \dot{U}_B$$

$$\dot{U}_{BC} = \dot{U}_B - \dot{U}_C$$

$$\dot{U}_{CA} = \dot{U}_C - \dot{U}_A$$

以 $\dot{U}_A$ 为参考相量，画出 3 个相电压的相量图，根据 KVL 方程画出 3 个对应的线电压的相量图，如图 5-5 所示。

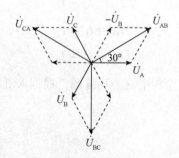

图 5-5   三相电源星形连接的电压相量图

由图 5-5 可以得到如下结论。

（1）如果相电压是对称的，显然 3 个线电压也是对称的，即

$$U_{\mathrm{P}} = U_{\mathrm{A}} = U_{\mathrm{B}} = U_{\mathrm{C}}$$

$$U_{\mathrm{L}} = U_{\mathrm{AB}} = U_{\mathrm{BC}} = U_{\mathrm{CA}}$$

（2）相电压与线电压的关系是线电压等于 $\sqrt{3}$ 倍的相电压，并超前于与之对应的相电压 30°，即

$$\dot{U}_{\mathrm{AB}} = \sqrt{3}\,\dot{U}_{\mathrm{A}}\,\underline{/30°}$$

$$\dot{U}_{\mathrm{BC}} = \sqrt{3}\,\dot{U}_{\mathrm{B}}\,\underline{/30°}$$

$$\dot{U}_{\mathrm{CA}} = \sqrt{3}\,\dot{U}_{\mathrm{C}}\,\underline{/30°}$$

$$U_{\mathrm{L}} = \sqrt{3}\,U_{\mathrm{P}} \tag{5-3}$$

（3）相电流与线电流是对称的，并且大小相等、相位相同，即

$$I_{\mathrm{P}} = I_{\mathrm{L}} \tag{5-4}$$

2. 三角形连接

三相发电机的 3 个绕组一般都采用星形连接，而电力变压器有接成星形的，也有接成三角形的。三角形连接即三相绕组的首末端相连，即 A 接 Z，B 接 X，C 接 Y，从三角形 3 个顶点分别引出 3 条导线，这种连接方式称为三角形连接，如图 5-6 所示。三角形连接只有三相三线制一种形式。

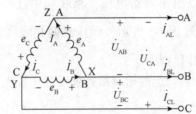

图 5-6　三相电源的三角形连接

三相电源三角形连接只能引出 3 条相线向负载供电。因其不存在中性线，故没有零线，所以只能提供一种电压，即

$$U_{\mathrm{L}} = U_{\mathrm{P}}$$

也就是说，相电压与线电压都对称、相等且相位相同。

根据 KCL 有

$$\dot{I}_{\mathrm{AL}} = \dot{I}_{\mathrm{A}} - \dot{I}_{\mathrm{C}}$$

$$\dot{I}_{\mathrm{BL}} = \dot{I}_{\mathrm{B}} - \dot{I}_{\mathrm{A}}$$

$$\dot{I}_{\mathrm{CL}} = \dot{I}_{\mathrm{C}} - \dot{I}_{\mathrm{B}}$$

以 $\dot{I}_{\mathrm{A}}$ 为参考相量，画出 3 个相电流的相量图，根据 KCL 方程画出 3 个对应的线电流的相量图，如图 5-7 所示。

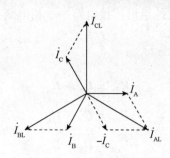

图 5-7　三相电源三角形连接的电流相量图

由图 5-7 可以得到如下结论。

（1）如果相电流是对称的，显然 3 个线电流也是对称的。

（2）线电流等于 $\sqrt{3}$ 倍的相电流，并滞后于与之对应的相电流 30°，即

$$\dot{I}_{\mathrm{AL}} = \sqrt{3}\dot{I}_{\mathrm{A}} \angle -30°$$

$$\dot{I}_{\mathrm{BL}} = \sqrt{3}\dot{I}_{\mathrm{B}} \angle -30°$$

$$\dot{I}_{\mathrm{CL}} = \sqrt{3}\dot{I}_{\mathrm{C}} \angle -30°$$

$$I_{\mathrm{L}} = \sqrt{3}I_{\mathrm{P}} \tag{5-5}$$

（3）相电压与线电压是对称的，并且大小相等、相位相同，即

$$U_{\mathrm{P}} = U_{\mathrm{L}} \tag{5-6}$$

分析三相对称电源的三角形连接的时候要注意，三相相电流只是大小相等，相位是不同的，并不是在电源内部形成环流。

5.2　三相负载

由三相电源供电的负载称为三相负载。三相负载分为两种：对称负载和不对称负载。每一相的大小和性质完全相同的负载称为三相对称负载，否则为三相不对称负载。三相负载也有星形连接和三角形连接两种接法，至于采用哪种方法，要根据负载的额定电压和电源电压确定。

5.2.1　三相负载的星形连接

三相负载的星形连接如图 5-8 所示。

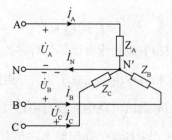

图 5-8　三相负载的星形连接

由图5-8可知，在三相负载的星形连接电路中，相电流与线电流相等，即

$$I_L = I_P \tag{5-7}$$

根据 KVL 有

$$\dot{U}_{AB} = \dot{U}_A - \dot{U}_B$$

$$\dot{U}_{BC} = \dot{U}_B - \dot{U}_C$$

$$\dot{U}_{CA} = \dot{U}_C - \dot{U}_A$$

画出3个相电压的相量图，根据 KVL 方程画出3个对应的线电压的相量图，如图5-9所示。

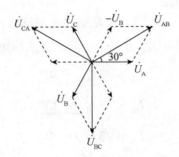

图5-9　三相负载星形连接的相量图

由相量图可推出一般性结论，对于三相对称负载来说，有

$$U_L = \sqrt{3}\,U_P \tag{5-8}$$

并且线电压超前于与之对应的相电压30°。

对于三相不对称负载电路，一般情况下应该一相一相地分别计算。由相量形式的欧姆定律可得各相电流分别为

$$\begin{cases} \dot{I}_A = \dfrac{\dot{U}_A}{Z_A} \\[2mm] \dot{I}_B = \dfrac{\dot{U}_B}{Z_B} \\[2mm] \dot{I}_C = \dfrac{\dot{U}_C}{Z_C} \end{cases} \tag{5-9}$$

则中性线电流为

$$\dot{I}_N = \dot{I}_A + \dot{I}_B + \dot{I}_C \tag{5-10}$$

如果三相负载是对称的，则相电流和线电流都是对称的。如果三相电源是对称的，三相负载也是对称的，则此电路为三相对称电路。在三相对称电路中，$\dot{I}_N = \dot{I}_A + \dot{I}_B + \dot{I}_C = 0$，此时中性线一般可以不要，如在三相电动机电路中即没有中性线。当三相负载不对称时，$\dot{I}_N = \dot{I}_A + \dot{I}_B + \dot{I}_C \neq 0$，则必须有中性线。中性线的作用就是在负载不对称、电流不对称的情况下，保证相电压是对称的。

5.2.2   三相负载的三角形连接

三相负载的三角形连接如图 5-10 所示。

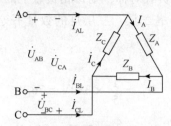

图 5-10   三相负载的三角形连接

由图 5-10 可知，相电压与线电压都对称且相等，即

$$\dot{U}_{L} = \dot{U}_{P} \tag{5-11}$$

相电流与线电流的关系同样可以用相量图进行分析，如图 5-11 所示。

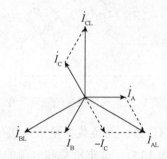

图 5-11   三相负载三角形连接的相量图

若负载对称，则相电流和线电流也对称，并且线电流等于 $\sqrt{3}$ 倍的相电流，同时线电流滞后于与之对应的相电流 30°，即

$$I_{L} = \sqrt{3}\, I_{P} \tag{5-12}$$

若负载不对称，由于电源电压对称，故负载的相电压对称，但相电流和线电流不对称。

说明：（1）三相负载采用哪种连接方式，取决于电源电压和负载的额定电压，原则上应使负载的实际工作相电压等于额定相电压。

例如，某三相异步电动机，三相绕组的额定电压是 220 V，若电源电压分别为 380 V 和 220 V，应采用哪种连接方式？

这里所说的电源电压是指电源提供的线电压，当电源线电压是 380 V 时，三相绕组的线电压为 380 V，三相绕组采用星形连接方式，则绕组相电压即为 $\dfrac{380}{\sqrt{3}}$ V = 220 V，即正好让负载工作电压等于额定电压。

当电源线电压是 220 V 时，三相绕组的线电压为 220 V，三相绕组采用三角形连接方式，则绕组相电压为 220 V，即正好让负载工作电压等于额定电压。

（2）若为单相多台负载，应尽量均匀地分布在三相上。

三层楼房的照明示意如图5-12所示，接于线电压为380 V的不带中性线的三相三线制电源上。当一层全部断开，二层、三层仍然接通时，则B、C两相串联，线电压U_{BC} = 380 V加在B、C相负载上。如果两相负载对称，则每相负载上的电压为190 V。结果二层、三层电灯全部变暗，不能正常工作。若二层、三层灯的数量不等，假设二层灯的数量为三层的$\frac{1}{4}$，则根据分压定理，有

$$U_{R3} = \frac{1}{5} \times 380\text{V} = 76 \text{ V}$$

$$U_{R2} = \frac{4}{5} \times 380\text{V} = 304 \text{ V}$$

二层灯泡上的电压超过额定电压，灯泡被烧毁，电路为断路，三层楼房的灯都不亮。

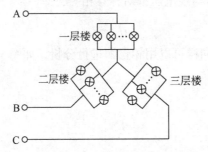

图5-12　三层楼房的照明示意

【例5-1】有一电源为三角形连接，而负载为星形连接的三相对称电路，已知电源相电压为220 V，每相负载的阻抗模为10 Ω，试求负载和电源的相电流和线电流。

解：电源三角形连接，电源线电压为

$$U_{LS} = U_{PS} = 220 \text{ V}$$

负载线电压为

$$U_{LL} = U_{LS} = 220 \text{ V}$$

负载相电压为

$$U_{PL} = \frac{U_{LL}}{\sqrt{3}} = \frac{220}{\sqrt{3}} \text{ V} = 127 \text{ V}$$

负载相电流为

$$I_{PL} = \frac{U_{PL}}{|Z|} = \frac{127}{10} \text{ A} = 12.7 \text{ A}$$

负载线电流为

$$I_{LL} = I_{PL} = 12.7 \text{ A}$$

电源线电流为

$$I_{LS} = I_{LL} = 12.7 \text{ A}$$

电源相电流为

$$I_{PS} = \frac{I_{LS}}{\sqrt{3}} = \frac{12.7}{\sqrt{3}} \text{ A} = 7.33 \text{ A}$$

【例 5-2】已知现有星形连接的三相负载 R、L、C，如图 5-13 所示，其中 $R = 2X_L = 2X_C = 20\ \Omega$，三相相电压为 220 V，求各相电流、各线电流及中性线电流并画相量图。

解：以 A 相电压为参考相量，则

$$\dot{U}_A = 220 \underline{/0°}\ \text{V}$$

$$\dot{U}_B = 220 \underline{/-120°}\ \text{V}$$

$$\dot{U}_C = 220 \underline{/120°}\ \text{V}$$

各相的电流为

$$\dot{I}_A = \frac{\dot{U}_A}{R} = 11 \underline{/0°}\ \text{A}$$

$$\dot{I}_B = \frac{\dot{U}_B}{jX_L} = 22 \underline{/150°}\ \text{A}$$

$$\dot{I}_C = \frac{\dot{U}_C}{-jX_C} = 22 \underline{/-150°}\ \text{A}$$

由于负载为星形连接，相电流与线电流相等。

中性线电流为

$$\dot{I}_N = \dot{I}_A + \dot{I}_B + \dot{I}_C = (-22\sqrt{3} + 11)\ \text{A} = -28.1\ \text{A}$$

绘制相量图，如图 5-14 所示。

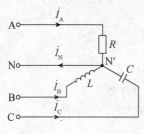
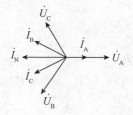

图 5-13　【例 5-2】电路　　　　　　图 5-14　【例 5-2】相量图

5.3　三相功率

在三相交流电路中，无论负载采用何种连接方式，也不论其是否对称，三相负载消耗的总有功功率应等于各相负载消耗功率之和，即

$$P = P_1 + P_2 + P_3 \tag{5-13}$$

当三相电路对称时，三相负载的电压、电流、阻抗角相等，三相交流电路的总有功功率就等于 3 倍单相有功功率，即

$$P = 3P_1 = 3U_P I_P \cos\varphi = \sqrt{3}\, U_L I_L \cos\varphi \tag{5-14}$$

同理，总无功功率应等于各相负载无功功率的代数和，即

$$Q = Q_1 + Q_2 + Q_3 \tag{5-15}$$

当三相电路对称时，三相交流电路的总无功功率就等于 3 倍单相无功功率，即

$$Q = 3Q_1 = 3U_P I_P \sin \varphi = \sqrt{3}\, U_L I_L \sin \varphi \qquad (5-16)$$

无论是用相电压、相电流来计算，还是用线电压、线电流来计算，φ 总是每相负载的相电压与相电流的相位差。

总视在功率不能用求和的方式，应为

$$S = \sqrt{P^2 + Q^2} \qquad (5-17)$$

当三相电路对称时，总视在功率就等于 3 倍单相视在功率，即

$$S = 3U_P I_P = \sqrt{3}\, U_L I_L \qquad (5-18)$$

【例 5-3】某三相负载，额定相电压为 220 V，每相负载的电阻为 4 Ω，感抗为 3 Ω，接于线电压为 380 V 的三相对称电源上，该负载应采用什么连接方式？负载的有功功率、无功功率和视在功率各是多少？

解：负载额定电压为 220 V，电源线电压为 380 V，所以应采用星形连接。

负载相电压为

$$U_P = \frac{U_L}{\sqrt{3}} = 220 \text{ V}$$

负载阻抗模为

$$|Z| = \sqrt{R^2 + X_L^2} = 5 \ \Omega$$

负载相电流为

$$I_P = \frac{U_P}{|Z|} = 44 \text{ A}$$

功率因数为

$$\cos \varphi = \frac{R}{|Z|} = 0.8$$

有功功率为

$$P = 3U_P I_P \cos \varphi = 23\,232 \text{ W}$$

因

$$\sin \varphi = \frac{X_L}{|Z|} = 0.6$$

故无功功率为

$$Q = 3U_P I_P \sin \varphi = 17\,424 \text{ var}$$

视在功率为

$$S = 3U_P I_P = 29\,040 \text{ V} \cdot \text{A}$$

课堂习题

一、填空题

1. 三角形连接的三相对称电源，空载运行时，三相电动势_____（填会或不会）在三相绕组所构成的闭合回路中产生电流。

2. 三相对称电阻炉作三角形连接，每相电阻为 $R = 38\ \Omega$，接于线电压 $U_L = 380\ V$ 的三相对称电源，则负载相电流有效值 $I_P = $ _____ A，线电流有效值 $I_L = $ _____ A。

3. 额定电压为 220 V 的照明负载接于线电压为 380 V 的三相四线制供电电源时，应采用 _____ 连接方式。

4. 星形连接的三相对称电源，三相电压的相序为 A → B → C，设 $U_A = 220\sin \omega t$ V，则 $U_{AB} = $ _____。

5. 照明灯开关接到 _____ （填相线端或零线端）更安全。

6. 同一三相负载采用三角形连接，接于线电压为 220 V 的三相电源上，以及采用星形连接，接于线电压为 380 V 的三相电源上，则有功功率 _____ （填相等或不相等）。

二、综合题

1. 有一电源和负载都是星形连接的三相对称电路，已知电源相电压为 220 V，负载每相阻抗模 $|Z|$ 为 10 Ω，试求负载的相电流和线电流，电源的相电流和线电流。

2. 如图 5-15 所示的三相四线制电路，三相负载连接成星形，已知电源线电压为 380 V，负载电阻 $R_a = 11\ \Omega$，$R_b = R_c = 22\ \Omega$，试求：

（1）负载的各相电压、相电流、线电流和三相总功率；

（2）中性线断开，A 相又短路时的各相电流和线电流；

（3）中性线断开，A 相断开时的各线电流和相电流。

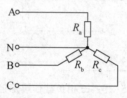

图 5-15   综合题 2 图

3. 某三相负载，额定相电压为 220 V，每相负载的电阻为 4 Ω，感抗为 3 Ω，接于线电压为 380 V 的三相对称电源上，试问该负载应采用什么连接方式？并求负载的有功功率、无功功率和视在功率。

4. 在如图 5-16 所示的三相电路中，已知 $Z_a = (3 + j4)\ \Omega$，$Z_b = (8 - j6)\ \Omega$，电源线电压为 380 V，求电路的总有功功率、无功功率和视在功率以及从电源取用的电流。

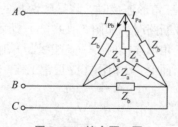

图 5-16   综合题 4 图

5. 在如图 5-17 所示的三相电路中，$R = X_C = X_L = 25\ \Omega$，接于线电压为 220 V 的三相对称电源上，求各相线中的电流。

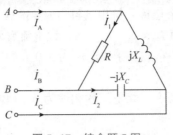

图 5-17　综合题 5 图

项目实施

一、原理说明

三相电动机为三相负载，三相负载作星形连接时，如图 5-18 所示。当三相负载对称或不对称的星形连接有中性线时，线电压与相电压均对称，且 $U_L = \sqrt{3}\,U_P$，而且线电压超前相电压 30°。

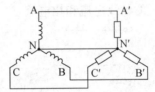

图 5-18　三相负载作星形连接

当三相负载不对称又无中性线连接时，将出现三相电压不平衡、不对称的现象，导致三相不能正常工作，为此必须有中性线连接，才能保证三相负载正常工作。

综上所述，考虑到三相负载对称与不对称连接又无中性线时某相电压升高，影响负载的使用，同时考虑到实训的安全，故将两个负载串联起来。

三相负载的三角形连接如图 5-19（a）所示。

当三相负载对称连接时，其线电流、相电流之间的关系为 $I_L = \sqrt{3}\,I_P$，且相电流超前线电流 30°。当三相负载不对称作三角形连接时，将导致两相的线电流、一相的相电流发生变化。当作三角形连接，一相负载断路时，如图 5-19（b）所示。此时故障相不能正常工作，其余两相仍能正常工作。当作三角形连接时，一条相线断开时，如图 5-19（c）所示。此时故障相负载电压小于正常电压，而 B、C 相仍能够正常工作。

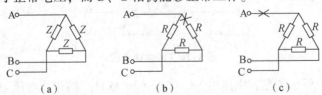

（a）　　　　　　（b）　　　　　　（c）

图 5-19　三相负载的三角形连接

二、实训器材

项目 5 实训器材如表 5-1 所示。

表 5-1　项目 5 实训器材

序号	名称	型号与规格	数量
1	交流电压表	0 ~ 500 V	1
2	交流电流表	0 ~ 5 A	1
3	万用表	/	1
4	三相交流电源	/	1
5	三相灯组负载	220 V，25 W 白炽灯	6
6	电流插座	/	3

三、安装调试

按照图 5-20 连接实训电路（1），再将实训台的三相电源 U、V、W、N 对应接到负载箱上。用交流电压表和电流表进行下列情况的测量，并将数据记入表 5-2 内。

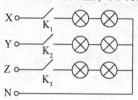

图 5-20　实训电路（1）

（1）负载对称有中性线，将三相负载箱上的开关全部打到接通位置。

（2）负载对称无中性线，即断开中性线。

（3）负载不对称有中性线，将 X 相的开关 K_1 断开。

（4）负载不对称无中性线。

上述内容做完后，请指导老师检查数据后，方可整理好实训台。

表 5-2　安装调试数据记录

测量数据		对称负载		不对称负载	
		有中性线	无中性线	有中性线	无中性线
相电压	U_A				
	U_B				
	U_C				
线电压	U_{AB}				
	U_{BC}				
	U_{CA}				
相电流	I_A				
	I_B				
	I_C				
中性线电流	I_O				

按照图 5-21 连接实训电路（2），再将实训台的三相电源 U、V、W、N 对应接到负载箱上，用交流电压表和电流表进行下列情况的测量，并将数据记入表 5-3 内。

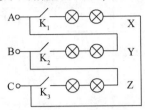

图 5-21　实训电路（2）

（1）对称负载的测量，将三相负载箱上的开关全部打到接通位置。

（2）一相负载断路，断开 K_1 开关。

（3）一相相线断路，开关全部接通，取掉 A 相相线。

上述内容做完后，经指导老师检查数据后方可整理实训台，离开实训室。

表 5-3　线电流、相电流、线电压数据记录

负载接法	线电流			相电流			线电压		
	I_A	I_B	I_C	I_{AB}	I_{BC}	I_{CA}	U_{AB}	U_{BC}	U_{CA}
负载对称									
一相负载断路									
一相相线断路									

四、思考题

（1）分析负载不对称又无中性线连接时的数据。

（2）中性线有何作用?

项目拓展

设计一个简易交流电源相序指示器，可以判断出电源的相序，并说明理由。

项目拓展元器件清单如表 5-4 所示。

表 5-4　项目拓展元器件清单

序号	元器件名称	型号及规格	数量
1	三相交流电源	220 V	1
2	电容	500 V，2 μF	1
3	熔断器	/	3
4	白炽灯	220 V，60 W	2
5	导线	单股 ϕ 1 mm	若干

项目6　电动机的正反转

电动机是一种将电能转换成机械能的电气设备，异步电动机是应用较广的一类，它为人类生活带来了巨大的福利。

异步电动机在家庭生活中随处可见，如风扇中的异步电动机直接牵引着扇叶的转动，电冰箱中的异步电动机牵引着压缩机的转动，洗衣机中的异步电动机牵引着滚筒的旋转。随着时代的进步，异步电动机已进入人类生活的方方面面。

异步电动机在工厂中也得到了广泛的应用。异步电动机是风机、压缩机、机床和传输带等各种设备的驱动设备，广泛应用于冶金、建材、煤炭等多个领域。

知识储备

6.1　三相异步电动机的结构和工作原理

电机是一种利用电磁原理进行机械能与电能转换的装置。把机械能转换成电能的是发电机，将电能转换成机械能的是电动机。本项目重点介绍三相异步电动机的基本结构及其控制。

6.1.1 三相异步电动机的结构

三相异步电动机主要由静止的定子和转动的转子两大部分组成，此外还有端盖、风扇等附属部分。定子与转子之间有一个较小的气隙。三相异步电动机的结构如图 6-1 所示。

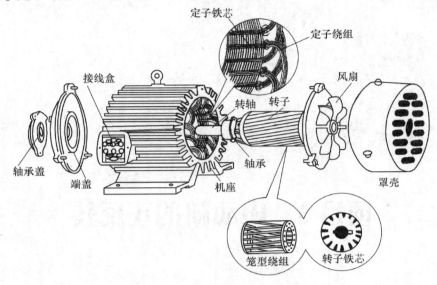

图 6-1　三相异步电动机的结构

1. 定子

异步电动机的定子由定子铁芯、定子绕组和机座三部分组成。

1）定子铁芯

定子铁芯是异步电动机主磁通磁路的一部分，由导磁性能较好的硅钢片叠压而成，内壁有许多均匀分布的槽。对于容量较大的电动机，在硅钢片两面涂以绝缘漆，作为片间绝缘。

2）定子绕组

定子绕组是异步电动机定子部分的电路，是一个三相对称绕组，一般由高强度漆包圆铜线绕成，嵌放在定子铁芯槽内。开口槽的绝缘通常采用云母带，线圈放入槽内必须与槽壁之间隔有绝缘层，以免电动机在运行时绕组对铁芯出现击穿或短路故障。槽内定子绕组的导线用槽楔紧固。槽楔常用的材料是竹、胶布板或环氧玻璃布板等非磁性材料。

3）机座

机座的作用主要是固定和支撑定子铁芯。中小型异步电动机一般都采用铸铁机座，并根据不同的冷却方式而采用不同的机座型式。例如，对于小型封闭式电动机而言，电机中损耗产生的热量全都要通过机座散出。为了加强散热能力，在机座的外表面有很多均匀分布的散热筋，以增大散热面积。对于大中型异步电动机，一般采用铸钢焊接的机座。

机座外侧有一接线盒，三相定子绕组的 6 个出线端都引到接线盒内的接线柱上。根据供电电压与电动机额定电压的关系，在使用时将三相定子绕组接成星形或者三角形，如图 6-2 所示。

2. 转子

异步电动机的转子由转子铁芯、转子绕组和转轴组成。

1）转子铁芯

转子铁芯也是电动机主磁通磁路的一部分，一般由带有冲槽的彼此绝缘的硅钢片叠成，固定在转轴或转子支架上。整个转子铁芯的外表面呈圆柱形。

2）转子绕组

按照转子绕组结构的不同，转子绕组分为笼型和绕线型两种结构。

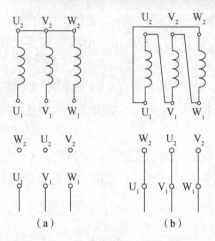

图 6-2　三相定子绕组连接示意

（a）星形连接；（b）三角形连接

3）转轴

转轴是电动机中的一个重要零件，作为电动机与设备之间机电能量转换的纽带，支撑转动零部件、传递力矩和确定转动零部件对定子的相对位置。

3. 气隙

异步电动机定子、转子之间的气隙是很小的，中小型电动机的气隙一般为 0.2～2 mm。气隙的大小与异步电动机的性能有很大关系。气隙越大，磁阻越大，产生同样大小的旋转磁场就需要较大的励磁电流，励磁电流增大会使电动机的功率因数变小。但是磁阻大可以减少气隙磁场中的谐波分量，减少附加损耗，改善起动性能。气隙过小，会使装配困难和运转不安全。如何决定气隙大小，应权衡利弊，全面考虑。一般异步电动机的气隙以较小为宜。

6.1.2　三相异步电动机的工作原理

三相异步电动机是利用三相电流通过三相定子绕组产生的空间旋转磁场与转子绕组内的感应电流相互作用，产生电磁转矩，从而使电动机转动的。

1. 旋转磁场的产生

三相定子绕组 AX、BY、CZ 在空间按互差 120° 的规律对称排列，接成星形与三相电源 U、V、W 相连，如图 6-3 所示。三相定子绕组中便通过三相对称电流。随着电流在定子绕组中通过，在三相定子绕组中就会产生旋转磁场，如图 6-4 所示。

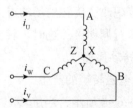

图 6-3　三相异步电动机定子接线

设三相电流的表达式为

$$\begin{cases} i_U = I_m \sin \omega t \\ i_V = I_m \sin(\omega t - 120°) \\ i_W = I_m \sin(\omega t + 120°) \end{cases}$$

当 $\omega t = 0°$ 时，$i_U = 0$，AX 绕组中无电流；i_V 为负，BY 绕组中的电流从 Y 流入、B 流出；i_W 为正，CZ 绕组中的电流从 C 流入、Z 流出。由右手螺旋定则可得，合成磁场的方向如图 6-4（a）所示。

当 $\omega t = 120°$ 时，$i_V = 0$，BY 绕组中无电流；i_U 为正，AX 绕组中的电流从 A 流入、X 流出；i_W 为负，CZ 绕组中的电流从 Z 流入、C 流出。由右手螺旋定则可得，合成磁场的方向如图 6-4（b）所示。

当 $\omega t = 240°$ 时，$i_W = 0$，CZ 绕组中无电流；i_U 为负，AX 绕组中的电流从 X 流入、A 流出；i_V 为正，BY 绕组中的电流从 B 流入、Y 流出。由右手螺旋定则可得，合成磁场的方向如图 6-4（c）所示。

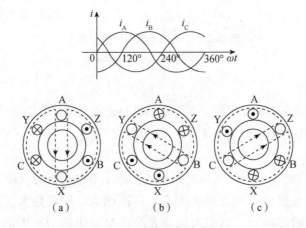

图 6-4　旋转磁场的产生
（a）$\omega t = 0°$；（b）$\omega t = 120°$；（c）$\omega t = 240°$

可见，当定子绕组中的电流变化一个周期时，合成磁场也按电流的相序在空间旋转一周。随着定子绕组中的三相电流不断地做周期性变化，产生的合成磁场也不断地旋转，因此称为旋转磁场。

以上分析是以绕组接成星形为例。不论定子绕组接成星形还是三角形，三相绕组中的电流都是对称的，都随时间变化，产生空间旋转磁场。旋转磁场的方向由三相绕组中电流相序决定，若想改变旋转磁场的方向，只要改变通入定子绕组的电流相序，即将三根电源线中的任意两根对调即可。这时，转子的旋转方向也会跟着改变。

2. 转动原理

1）电磁转矩的产生

如图 6-5 所示，当旋转磁场顺时针旋转时，磁力线切割转子导条，从而产生感应电动势，并产生电流，用右手定则可判断转子绕组中感应电流的方向，进而与旋转磁场作用，使转子导条受电磁力 F，用左手定则判断转子绕组受到的电磁力的方向。电磁力在转子上形成顺时针方向的转矩。由电磁力形成的转矩称为电磁转矩，用字母 T 表示，电磁转矩使转子沿旋转磁场方向进行旋转。即电磁转矩的方向与旋转磁场的转向一致，转子旋转的方向与旋转磁场的转向一致。要改变电动机的旋转方向，只要改变旋转磁场的方向，即改变通入定子绕组的电流相序，将三根电源线中的任意两根对调即可。

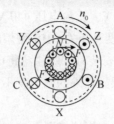

图 6-5　三相异步电动机转动原理

2）电动机转速和旋转磁场同步转速的关系

电动机转子转动方向与磁场旋转的方向相同，但转子的转速 n 不可能与旋转磁场的转速 n_0 相等，否则转子与旋转磁场之间就没有相对运动，磁力线不切割转子导条，转子电动势、转子电流及转矩也就都不存在。旋转磁场的转速 n_0 与转子的转速 n 之间存在差值，因此把这种电动机称为异步电动机。

3）电磁转矩的大小

电磁转矩由转子电流和旋转磁场相互作用产生，因此其大小与旋转磁场的磁通的最大值及转子电流的有功分量成正比。又由于磁通与定子的电压 U_1 和频率 f_1 有关，转子电流与定子电压 U_1、转差率 s 有关，从而电磁转矩的公式可写为

$$T = K_T \frac{sR_2 U_1^{~2}}{f_1 [R_2^{~2} + (sX_2)^2]} \tag{6-1}$$

式中，K_T 是由电动机结构决定的一个常数；X_2 是指转子静止不动时的漏电抗；R_2 是转子电阻。

由式（6-1）可知，转矩 T 与定子每相电压 U_1 的平方成正比，所以电源电压有所变动，对转矩的影响很大。此外，转矩 T 还受转子电阻 R_2 的影响。

6.2　常用低压电器

低压电器指交流电压 1 200 V、直流电压 1 500 V 以下的各种控制设备、继电器及保护设备等。工程中常用的低压电器有刀开关、按钮、接触器、熔断器、断路器及各种继电器等。

6.2.1　手动控制类低压电器

1. 刀开关

刀开关是最简单的手动控制设备，其功能是接通或断开电路。刀开关一般用符号 Q 表示，主要由底板、刀座（静触点）、闸刀（动触点）、胶盖等组成。图 6-6 为刀开关实物图，图 6-7 为刀开关的符号。

图 6-6　刀开关实物图

图 6-7　刀开关的符号

刀开关适用于交流额定电压 380 V，直流电压 440 V 以下的低压配电装置中。常用的刀开关有 HD 型单投刀开关、HS 型双投刀开关、HR 型熔断器式刀开关、HZ 型组合开关、HK 型闸刀开关、HY 型倒顺开关等。在安装时，应注意将电源线接在静触点上方，负载线接在可动闸刀的下侧，当切断电源时，裸露在外的闸刀就不带电，以防触电。

2. 按钮

按钮是一种简单的手动设备，用来接通或断开控制电路，从而控制电动机或其他电气设备的运行。无外力作用下接通的触点称为常闭触点或动断触点，无外力作用下断开的触点称为常开触点或动合触点。与按钮连在一起的可动触点称为动触点，不可移动的触点称为静触点。有多个触点的按钮称为复合按钮，多个按钮组装在一起称为多联按钮。按钮用符号 SB 表示，其实物图如图 6-8 所示，结构原理图如图 6-9 所示。

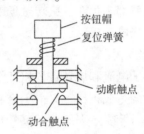

图 6-8　按钮实物图　　　　　图 6-9　按钮结构原理图

手动按下按钮帽后，动触点下移，动断触点断开，动合触点闭合，则可控制电路的断开和闭合。手松开后，按钮在复位弹簧的作用下弹起，则按钮复位。按钮的符号如图 6-10 所示。

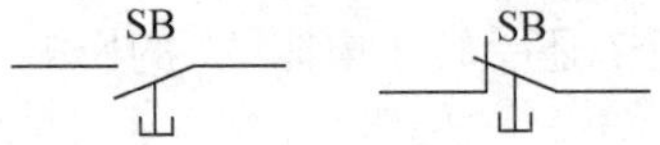

图 6-10　按钮的符号

（a）动合触点；（b）动断触点

6.2.2　自动控制类低压电器

接触器也称为电磁开关，它是利用电磁铁的吸力来控制触头动作的，是常用的自动控制类低压电器。接触器按其电流类型可分为直流接触器和交流接触器两类，在工程中常用交流接触器。

交流接触器主要由电磁铁和触点组两部分组成。电磁铁的铁芯分为上、下两部分，下铁芯是固定不变的，上铁芯是可动的，线圈装在下铁芯上。当线圈通电后，在电磁吸力的作用下，将上铁芯吸合，上铁芯带着动触点一起下移，与同一触点组的触点断开或吸合，电路接通或断开，其中通电后接通的动触点称为动合触点，也称常开触点，通电后断开的动触点称为动断触点，也称常闭触点。当线圈断电后，上铁芯在弹簧的作用下复位，断开电路。接触器原理图如图 6-11 所示。

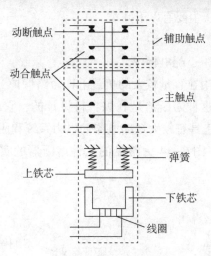

图6-11　接触器原理图

接触器用符号 KM 表示，图6-12 为交流接触器的实物图。在画电路图时，交流接触器的线圈和触点采用分立元件的形式分别给出，图6-13 为交流接触器的符号。

图6-12　交流接触器的实物图

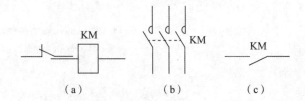

图6-13　交流接触器的符号

（a）接触器线圈；（b）接触器主触点；（c）接触器辅助触点

交流接触器主要有如下特点。

（1）它是用按钮控制电磁线圈的，电流很小，控制安全可靠。当环境潮湿时，可选用电磁线圈电压为 36 V 的安全电压进行控制。

（2）电磁力动作迅速，可以频繁操作。如建筑工地的搅拌机、起重机等常用接触器控制电动机负荷运行。

（3）具有失压或欠压保护作用。当电压过低时，电磁线圈吸力变小，拉力弹簧使上铁芯动作，接触器自动断电。

6.2.3　保护类低压电器

1. 熔断器

熔断器用来防止电路和设备长期通过过载电流和短路电流，是有断路功能的保护元件。它由金属熔体（或熔丝）、支持熔件的熔管（或熔座）组成。熔体由电阻率较高而熔点较低的合金制成，串接在被保护的电路中。正常工作时，熔体不会熔断。当发生短路或严重过载时，熔体因过热而自动熔断，从而切断电源。熔管用来固定熔体，当熔体熔断时，熔管还有灭弧作用。

常见的熔断器种类很多，主要有以下几类。

（1）瓷插式熔断器。

（2）螺旋式熔断器，常用于配电柜中。

（3）封闭式熔断器，常用在容量较大的负载上作短路保护，大容量的能达到 1 kA。

（4）填充料式熔断器。这种熔断器是我国自行设计的，它的主要特点是具有限流作用及较高的极限分断能力，用于具有较大短路电流的电力系统和成套配电的装置中。

熔断器用符号 FU 表示，图 6-14 为常见的几种熔断器的实物图，图 6-15 为熔断器的符号。

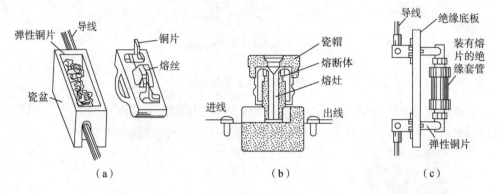

图 6-14 常见的几种熔断器的实物图

（a）瓷插式熔断器；（b）螺旋式熔断器；（c）封闭式熔断器

图 6-15 熔断器的符号

熔体额定电流 I_{FN} 的选择与被保护负载的工作方式及其电流有关，一般按以下方法选取。

（1）对于照明等冲击电流很小的负载，熔体的额定电流等于或稍大于电路的实际工作电流，即 $I_{FN} \geqslant I$。

（2）对于有冲击电流的电路，如电动机的起动，熔体的额定电流应该等于或稍大于 1.5 ~ 3 倍的电动机的额定工作电流，即 $I_{FN} \geqslant (1.5 \sim 3)I$。

（3）对于电动机频繁起动或有几台电动机共用同一熔断器的情况，熔体的额定电流应该满足如下条件：

$$I_{FN} \geqslant (1.5 \sim 3)I_{MN} + \sum I_N$$

即熔体的额定电流应等于或稍大于 1.5 ~ 3 倍的最大容量电动机的额定电流与其余电动机的额定电流之和。

2. 断路器

断路器又称自动开关或空气开关，具有刀开关和熔断器的作用，除具有全负荷分断能力外，还具有短路保护、过载保护和失欠电压保护等功能，并且具有很好的灭弧能力，常用作配电箱中的总开关或分路开关。断路器不宜频繁操作，适宜作照明配电箱内或其他各种不频繁操作的控制设备。断路器分为框架式 DW 系列（又称万能式）和塑壳式 DZ 系列（又称装置式）两大类。

断路器用符号 QF 表示，图 6-16 为断路器的实物图，图 6-17 为断路器的符号。

图 6-16　断路器的实物图　　　　图 6-17　断路器的符号

断路器的结构形式很多，主要由触头系统、操作机构和脱扣装置等几部分组成，如图 6-18 所示。正常工作时，可通过操作手柄进行电路的接通和断开。将操作手柄扳到合闸位置时，锁扣勾住锁键，主触头闭合，电路接通。触头的连杆被锁扣锁住，使主触头保持闭合状态，同时分闸弹簧被拉长，为分断做准备。瞬时过电流脱扣器的线圈串联于主电路，当电流为正常值时，衔铁吸力不够，处于打开位置。当电路电流超过规定值时，电磁吸力增加，衔铁吸合，通过杠杆使锁扣脱开，主触点在分闸弹簧的作用下切断电路，这就是瞬时过电流或短路保护作用。当电路失压或电压过低时，欠压脱扣器的衔铁释放，同样由杠杆使锁扣脱开，起到欠压和失压保护作用。当电源恢复正常时，必须重新合闸后才能工作。长时间过载使得过流脱扣器的双金属片弯曲，同样由杠杆使锁扣脱开，起到过载（过流）保护作用。

断路器内部装有灭弧装置，切断电流的能力大、开断时间短，工作安全可靠。断路器应用非常广泛，已在很多场合取代了刀开关。

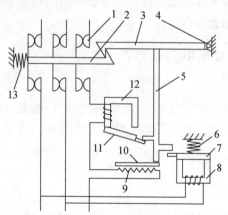

1—主触头；2—锁键；3—锁扣；4—锁扣绕轴；5—杠杆；6—复位弹簧；
7、11—衔铁；8、12—铁芯；9—发热元件；10—双金属片；13—分闸弹簧。

图 6-18　断路器的结构及原理图

3. 热继电器

熔断器可以进行短路保护，交流接触器可以进行欠压保护，另外还需要有过载保护功能。热继电器就具有这种功能，其原理图如图 6-19 所示。热继电器利用电流热效应使双金属片弯曲，推动触点动作，通过控制电路切断电动机主电路。当电动机过载时间不长时，双金属片的温度未超过允许值时，双金属片弯曲程度不够使电路断开，电动机继续运行，可避免起动或短时过载停车。当电动机长期过载，温度超过允许值，电动机不允许长期过载运行，但是又具有一定的短时过载能力。双金属片弯曲程度足以控制电路的触电断开，从而切断主电路，防止电动机过热烧毁。

热继电器用符号 FR 表示，图 6-20 为热继电器实物图。在画电路图时，热继电器的发热元件和触点采用分立元件的形式分别给出，图 6-21 为热继电器的符号。

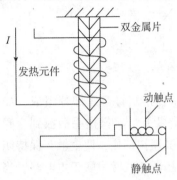  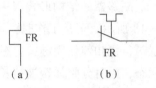

图 6-19　热继电器原理图　　　图 6-20　热继电器实物图　　　图 6-21　热继电器的符号

（a）发热元件；（b）常闭触头

6.3　三相异步电动机控制电路

电动机在起动瞬间需要很大的起动电流。为了避免电动机在起动过程中损坏和降低起动电流对电网的影响，一般希望起动过程越快越好。不同的起动方法就是在保证一定转矩的情况下，采取不同的措施限制起动电流。

6.3.1　三相异步电动机的起动方式

1. 直接起动

直接起动时，将电动机的定子绕组直接接入额定电压起动，也称为全压起动。直接起动具有起动转矩大、起动时间短、起动设备简单、操作方便、易于维护、投资少、设备故障率低等优点，是小型笼型异步电动机常用的起动方法。一般规定，30 kW 以下的笼型异步电动机可以直接起动。

2. 降压起动

定子串电抗起动、自耦变压器起动、Y-△起动、软起动器起动等都属于降压起动。其优点是对电网冲击较小，结构比较简单，投资较少。缺点是起动转矩小，只适合用在轻载起动或者空载起动的场合。

1）Y-△起动

定子绕组为三角形连接的电动机，起动时接成星形，接近额定转速时转为三角形运行。

Y-△起动的优点是不需要添置起动设备，有起动开关或交流接触器等控制设备就可以实现，缺点是只能用于三角形连接的电动机，大型异步电动机不能重载起动。

2）自耦变压器起动

利用三相自耦变压器将起动电压降低，变压器有抽头，供选择电压。电动机本身的 I_S

降至直接起动时的 $\dfrac{1}{k}$，k 是变压器的变比。从电源取用电流降至 $\dfrac{1}{k^2}$，同时 T_S 降至直接起动的 $\dfrac{1}{k^2}$。

　　自耦变压器起动的 T_S 可调，适于容量大或运行时为星形连接的电动机，缺点是元件多，成本高，体积、质量大。

6.3.2　三相异步电动机的起停控制

　　图6-22为三相异步电动机起停控制原理图。此系统主要由刀开关 Q、熔断器 FU、按钮 SB_1 和 SB_2、交流接触器 KM、热继电器 FR 等低压电器组成。

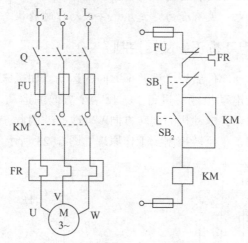

图6-22　三相异步电动机起停控制原理图

1. 起动

　　闭合开关 Q，接通电源，此时由于主电路中的交流接触器 KM 的主触点是断开状态，因此电动机不会起动。按下起动按钮 SB_2，控制电路接通，交流接触器 KM 的线圈通电，吸引铁芯动作，动合触点闭合，即主电路接通，电动机开始转动。如果没有交流接触器 KM 的辅助触点与 SB_2 并联，则松开按钮后，SB_2 在自身弹簧的作用下复位，则起动按钮的动合触点断开，线圈中无电流流过，接触器的主触点断开，电动机停止转动。电动机的这种控制方式称为点动控制。当有交流接触器 KM 的辅助触点与 SB_2 并联，按下起动按钮 SB_2，控制电路接通，交流接触器 KM 的线圈通电，与 SB_2 并联的常开辅助触点闭合，当松开 SB_2 后，控制电路依然是通路状态，电动机继续运转。依靠接触器自身的动合辅助触点使其吸引线圈保持通电的作用称为自锁。电动机的这种控制方式称为长动控制。

2. 停止

　　按下停止按钮 SB_1，动断触点断开，则控制电路断开，交流接触器的线圈断电，则主触点断开，电动机停止运转，同时辅助触点断开，失去自锁功能。

3. 保护

　　（1）短路保护。图6-22中的熔断器 FU 是短路保护电器，发生短路故障时，电路中电流变大，熔体立即熔断，从而使主电路断开，电动机停止运转。

　　（2）失压、欠压保护。图6-22中的交流接触器 KM 是失压、欠压保护电器，当电源电压下降到额定电压的85%以下时，线圈电磁吸力减小，没有足够的电磁吸力吸引铁芯，铁芯在弹簧的作用下复位。交流接触器的所有动合触点均断开，动断触点均闭合，自锁功能消失，从而使主电路断开，电动机停止运转。

（3）过载保护。图6-22中的热继电器FR是过载保护电器，当电动机过载时，主电路中电流变大，串接在主电路中的热继电器的发热元件因电流大，发热多，经过一段时间后，双金属片弯曲使串接在控制电路中的动断触点断开，从而交流接触器的线圈断电，主触点断开，电动机停止运行。

注意：图6-22中用到的低压电器是采用元件展开法画出的，各元件均用国家标准规定的图形符号和文字符号表示。同一电器的不同元件，应标注相同的文字符号，如交流接触器的线圈、主触点和辅助触点分别在电路中的不同位置，但是统一用符号KM表示。所有电器的触点的状态都按没有通电、没有受力、发热元件未动作时的状态画出。

▶▶ 6.3.3 三相异步电动机正、反转控制

在生产中往往需要运动部件做正、反两个方向的运动，如机床的前进和后退、起重机的提升与下降等。这就要求电动机能够进行正、反两个方向的运动。由电动机的工作原理可知，将任意两根电源线对调，电动机的旋转方向就会改变。因此，用两个交流接触器对电源进行切换，实现电动机的正、反转控制，工作原理如图6-23所示。

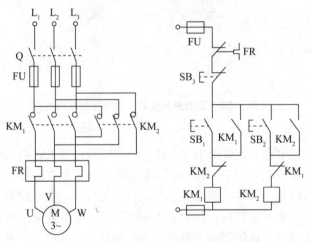

图6-23 三相异步电动机正、反转控制原理图

（1）主电路中有交流接触器 KM_1 和 KM_2 的主触点，并且 KM_2 与 KM_1 在接线上的区别是电源的 V 相与 W 相对调。从图中可以看出，如果 KM_1 和 KM_2 同时通电，直接造成电源短路，熔断器熔体熔断，电动机无法工作。为避免这种现象的发生，控制电路必须采取措施来确保两个接触器线圈不能同时通电。

（2）采用两个起动按钮 SB_1 和 SB_2 的动合触点和一个停止按钮 SB_3 的动断触点来实现电动机的起停控制。按下正转按钮 SB_1，则正转控制电路中交流接触器 KM_1 的动合辅助触点闭合，实现自锁功能；动断辅助触点断开，KM_2 线圈断电，主电路中控制反转的主触点全部断开，就避免了两个接触器线圈同时通电的可能。这种相互制约的控制方式称为电气互锁，又称连锁。

（3）电路中的短路保护、欠压保护、过载保护所用的电器和保护原理都与起停控制电

路相同。

（4）为避免两个接触器同时动作造成短路，要求互锁，即两接触器必须不同时得电。一般为保险起见设多重互锁，即又有接触器动断触点互锁，又有按钮动断触点互锁，必要时可加机械互锁。

课堂习题

一、填空题

1. 改变三相交流电动机的转向可以通过改变_____实现。

2. 熔断器起_____保护；热继电器起_____保护；交流接触器起_____保护。

3. 下图_____所示的控制电路能实现单向运转控制。

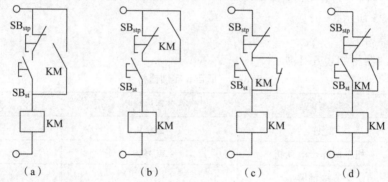

（a）　　　　　　（b）　　　　　　（c）　　　　　　（d）

二、判断题

判断下列电路能否控制电动机的起停。

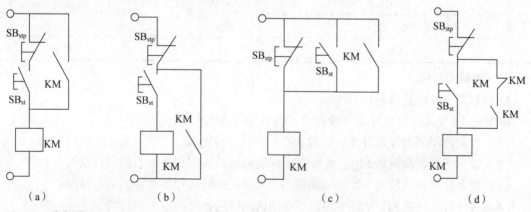

（a）　　　　　　（b）　　　　　　（c）　　　　　　（d）

三、分析题

1. 两条皮带运输机分别由两台笼型电动机拖动，用一套起停按钮控制它们的起停，为了避免物体堆积在运输机上，要求电动机按下述顺序起动和停止：起动时，M_1 起动后，M_2 才随之起动；停止时，M_2 停止后，M_1 才随之停止。

2. 画出能分别在两地控制同一台电动机起停的控制电路。

项目实施

一、项目分析

在电动机正反转控制线路中，通过相序的更换来改变电动机的旋转方向。本项目给出两种不同的正、反转控制线路。

1. 电气互锁

为了避免接触器 KM_1（正转）、KM_2（反转）同时得电吸合造成三相电源短路，在 KM_1（KM_2）线圈支路中串接有 KM_2（KM_1）的动断触点，它们保证了线路工作时 KM_1、KM_2 不会同时得电，以达到电气互锁目的，如图 6-24 所示。

2. 电气和机械双重互锁

除电气互锁外，可再采用复合按钮 SB_1 与 SB_2 组成的机械互锁环节，以求线路工作更加可靠，如图 6-25 所示。

二、实训器材

项目 6 实训器材如表 6-1 所示。

表 6-1　项目 6 实训器材

序号	名称	型号与规格	数量
1	三相交流电源	380 V	1
2	三相笼型异步电动机	WDJ26	1
3	交流接触器	/	2
4	按钮	/	3
5	交流电压表	0～500 V	1
6	万用表	/	1
7	导线	/	若干

三、连线与操作

1. 接触器互锁的正反转控制线路

按图 6-24 接线，经指导教师检查后，方可进行通电操作。

（1）开启控制屏电源总开关，接通 380 V 三相交流电源。

（2）按下正向起动按钮 SB_1，观察并记录电动机的转向和接触器的运行情况。

（3）按下反向起动按钮 SB_2，观察并记录电动机的转向和接触器的运行情况。

（4）按下停止按钮 SB_3，观察并记录电动机的转向和接触器的运行情况。

（5）再按 SB_2，观察并记录电动机的转向和接触器的运行情况。

（6）实训完毕，按控制屏停止按钮，切断三相交流电源。

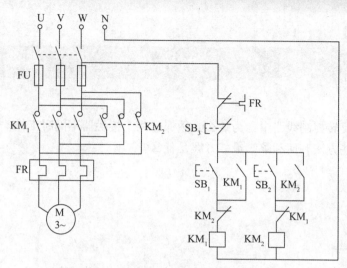

图 6-24 接触器互锁的正反转控制电路

2. 接触器和按钮双重互锁的正反转控制线路

按图 6-25 接线，经指导教师检查后，方可进行通电操作。

（1）按控制屏启动按钮，接通 380 V 三相交流电源。

（2）按下正向起动按钮 SB₁，电动机正向起动，观察电动机的转向及接触器的运行情况。按下停止按钮 SB₃，使电动机停转。

（3）按下反向起动按钮 SB₂，电动机反向起动，观察电动机的转向及接触器的运行情况。按下停止按钮 SB₃，使电动机停转。

（4）按下正向（或反向）起动按钮，电动机起动后，再按下反向（或正向）起动按钮，观察转动情况。

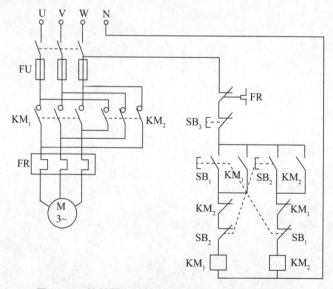

图 6-25 接触器和按钮双重互锁的正反转控制线路

（5）电动机停稳后，同时按下正、反向起动按钮，观察有何情况发生。

（6）实训完毕，将自耦变压器调回零位，按控制屏停止按钮，切断实训线路电源。

项目拓展

在电动机正反转控制线路中，为什么必须保证两个接触器不同时工作？采用哪些措施可解决此问题？这些方法有何利弊？最佳方案是什么？

项目7 简易充电器的制作

目前，电力网供给用户的电能都是频率为 50 Hz 的交流电，许多电子设备都是靠稳定的直流电源供电的。充电器是一种直流稳压电源，是非常典型、常用的电子产品，几乎所有电子设备都需要充电器作为供电系统。本项目制作一个输出电压为+5 V 的开关型降压充电器。

7.1 半导体基础知识

物质按照导电能力分为导体、绝缘体和半导体 3 种。常温下导电能力介于导体和绝缘体之间的物质称为半导体。半导体器件是构成电子电路的基本元件，这些器件是由经过特殊加工且性能可控的半导体材料制成的。常见的半导体材料有硅（Si）、锗（Ge）、砷化镓（GaAs）等，硅是各种半导体材料在实际应用中最具有影响力的一种。

半导体二极管简称二极管，它是用半导体材料制成的最简单器件，应用十分广泛。下面重点介绍半导体的基础知识、PN 结的形成、二极管的结构特性及使用。

7.1.1 本征半导体

纯净的具有晶体结构的半导体称为本征半导体。常见的四价元素硅和锗都属于本征半导体。在正常条件下，本征半导体的导电性能很弱，但当半导体材料受到光和热的作用时，导电能力会明显增强；或者在纯净的半导体中掺入其他元素，也会使其导电性能增强。四价的硅和锗在单晶体状态，原子都整齐地排列，每个原子最外层的四个价电子不仅受自身原子核的束缚，而且与相邻的四个原子发生联系。每两个相邻的原子都有一对共用电子，这样的组合称为共价键结构，如图7-1所示。

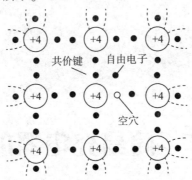

图7-1 共价键结构

共价键结构使每个原子核最外层有8个电子形成稳定的状态，但在外界光和热的作用下，会有少数的价电子挣脱共价键的束缚变成自由电子，同时在共价键中留下一空位置，形成空穴。原子失去一个价电子而带正电，所以说空穴带正电，自由电子带负电。本征半导体中自由电子和空穴总是成对出现的，即自由电子与空穴数目相等。运载电荷的粒子称为载流子，本征半导体中存在两种载流子，即自由电子和空穴。在光和热的激发下，产生自由电子-空穴对的现象称为本征激发。自由电子在运动过程中，如果与空穴相遇就会填补空穴，使两者同时消失，这种现象称为复合。因此，在一定温度下，本征激发产生的自由电子-空穴对与复合的自由电子-空穴对数目相等，达到动态平衡。

7.1.2　杂质半导体

在实际应用中，常在本征半导体中掺入少量合适的元素，便可得到杂质半导体。通过控制掺杂的浓度来控制半导体的导电性能。根据掺杂元素的不同，可分为N型半导体和P型半导体。

1. N型半导体

在纯净的单晶硅中掺入五价元素（如磷元素），就形成了N型半导体，如图7-2所示。五价的磷原子外层有5个价电子，而共价键结构只需4个价电子，所以除了与硅原子形成共价键外，还多出1个电子，其不受共价键的束缚，很容易挣脱而形成自由电子。N型半导体中自由电子数目大于空穴的数目，故称自由电子为多数载流子（简称多子），空穴为少数载流子（简称少子）。N型半导体主要靠自由电子导电，掺入杂质越多，多子（自由电子）浓度就越高，导电性能也就越强。

2. P型半导体

在纯净的单晶硅中掺入三价元素（如硼元素），就形成了P型半导体，如图7-3所示。三价的硼原子外层有3个价电子，在与硅原子结合形成共价键时因少1个价电子而产生1个空位，当硅原子的外层电子填补此空位时，其共价键中便产生1个空穴。因此P型半导体中空穴数目大于自由电子的数目，故空穴为多数载流子，自由电子为少数载流子。P型半导体主要靠空穴导电，与N型半导体相同，掺入杂质越多，多子（空穴）浓度就越高，导电性能也就越强。

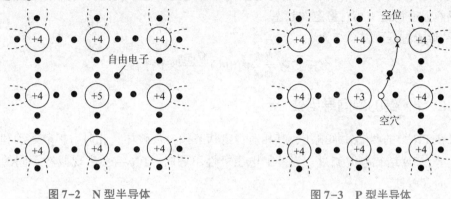

图7-2 N型半导体   图7-3 P型半导体

通过一定的掺杂工艺，使一块半导体单晶片上一边为N型半导体，一边为P型半导体，在它们的交界处将形成一个具有特殊物理性质的区域，称为PN结。

7.2.1 PN 结的形成

物质总是从浓度高的地方向浓度低的地方运动，这种由于浓度差而产生的运动称为扩散运动。在P型和N型两种半导体的交界面，由于两边载流子浓度差的存在而互相扩散，即P区的空穴向N区扩散，N区的自由电子向P区扩散，如图7-4（a）所示。由于扩散到N区的空穴与自由电子复合，扩散到P区的自由电子与空穴复合，因此在交界面附近多子的浓度下降，P区因失去空穴出现负离子区，N区因失去自由电子出现正离子区，它们不能移动，称为空间电荷区，如图7-4（b）所示，这个空间电荷区就是PN结。空间电荷区的正负电荷形成内电场，方向为正电荷指向负电荷，即N区指向P区。

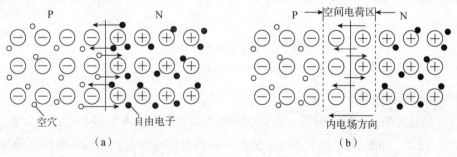

（a）   （b）

图7-4 PN 结的形成

（a）扩散运动；（b）空间电荷区与内电场

内电场的作用是阻碍多数载流子的扩散运动，即阻止P区的空穴向N区扩散和N区的自由电子向P区扩散。空间电荷区形成后，在内电场的作用下少数载流子产生漂移运动。内电场对漂移运动的作用正好相反，它能推动少数载流子越过空间电荷区，即把P区的自由电子推向 N 区，N 区的空穴推向 P 区。在无外电场和其他激发下，最终从 P 区扩散到 N 区的空穴与从 N 区漂移到 P 区的空穴数相等；从 N 区扩散到 P 的自由电子与从 P 区漂移到 N 区的自由电子数相等，即扩散运动与漂移运动达到动态平衡。此时空间电荷区的宽度及内电场的强度均处于相对稳定的状态。

PN 结形成过程可以总结为

$$多子扩散 \underset{\text{抑制}}{\overset{\text{形成}}{\rightleftharpoons}} 内电场 \overset{\text{促进}}{\longrightarrow} 少子漂移$$

7.2.2　PN 结的单向导电性

如果在 PN 结的两端外加电压，其相对稳定状态就会被破坏。此时，扩散运动和漂移运动不再相等，PN 结有电流流过。当外加电压极性不同时，PN 结会出现截然不同的导电性能，即单向导电性。

1. PN 结加正向电压

在 PN 结的两端加上正向电压，即 P 区接外电源的正极，N 区接外电源的负极，称 PN 结处于正向偏置，如图 7-5（a）所示。此时外电场与内电场方向相反，则内电场作用被削弱。PN 结内部扩散运动与漂移运动的平衡状态被打破，空间电荷区变窄。外电场的存在削弱了漂移运动，多数载流子的扩散运动增强，形成较大的从 P 区流向 N 区的正向电流，即 PN 结处于导通状态。一定范围内，外电源电压越大，正向电流也越大。

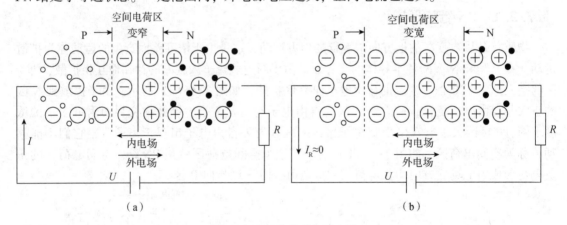

图 7-5　PN 结的单向导电性

（a）PN 结加正向电压；（b）PN 结加反向电压

2. PN 结加反向电压

在 PN 结的两端加上反向电压，即 P 区接外电源的负极，N 区接外电源的正极，称 PN 结处于反向偏置，如图 7-5（b）所示。此时外电场与内电场方向相同，则内电场作用被增强。空间电荷区变宽，阻止扩散运动的进行，加剧漂移运动的进行，形成由 N 区流向 P 区的反向电流 I_R。由于少数载流子数目极少，因此反向电流也非常小，近似为 0，即 PN 结处于截止状态。

结论：PN 结两端加正向电压，PN 结导通；PN 结两端加反向电压，PN 结截止。此特性可用图 7-6 所示电路进行验证。

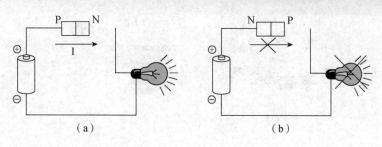

（a）   （b）

图 7-6   PN 结单向导电性的验证电路

（a）PN 结正偏；（b）PN 结反偏

7.3   二极管

7.3.1   二极管的结构

将 PN 结用外壳封装起来并在两端加上电极引线就构成了二极管，其外形如图 7-7（a）所示，符号如图 7-7（b）所示。由 P 区引出的电极为阳极，由 N 区引出的电极为阴极。

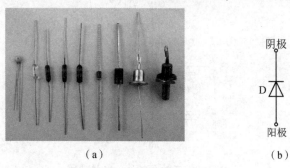

（a）   （b）

图 7-7   二极管的外形和符号

（a）二极管的外形；（b）二极管的符号

二极管种类很多，按制作材料分，有硅二极管和锗二极管；按结构分，有点接触型、面接触型和平面型三类；按用途分，有整流二极管、稳压二极管、光电二极管和开关二极管等。

图 7-8（a）为点接触型二极管。锗管一般为点接触型，由一根金属丝经过工艺处理与半导体表面相接形成 PN 结，因此 PN 结面积非常小，故允许通过的电流较小，但其结电容较小，故其高频性能好。点接触型二极管一般适用于高频电路和小功率整流电路中。

图 7-8（b）为面接触型二极管。其采用合金法工艺制成，PN 结面积大，能够通过较大的电流，但其结电容大，故只能在较低频率下工作。面接触型二极管常用于工频下大电流整流电路中。

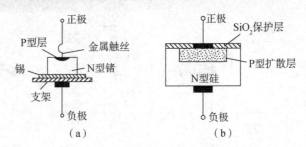

图 7-8 点接触型与面接触型二极管

(a) 点接触型；(b) 面接触型

7.3.2 二极管的伏安特性

二极管的伏安特性是指加在二极管两端的电压 U 和通过二极管电流 I 之间的关系曲线，即 $I=f(U)$。如图 7-9 所示，伏安特性曲线分为死区、正向导通区、反向饱和区和反向击穿区 4 个区域。

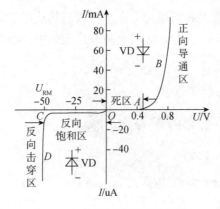

图 7-9 二极管的伏安特性曲线

1. 死区

当所加二极管两端的正向电压小于某一数值时，外电压不足以克服内电场对多数载流子扩散运动的阻力，正向电流很小，几乎为 0，这一电压值称为死区电压，这段区域称为死区，即图 7-9 中 OA 段。硅管的死区电压约为 0.5 V，锗管的死区电压约为 0.1 V。

2. 正向导通区

当正向偏置电压超过死区电压后，二极管开始导通，正向电流随外加电压的增大而迅速增大，这个区域称为正向导通区，即图 7-9 中 AB 段。二极管导通后，正向电流在一定范围内变化时，二极管的正向压降几乎维持不变，该电压称为二极管的导通电压，也称为正向管压降。在常温下，硅管的正向管压降约为 0.7 V，锗管的正向管压降约为 0.3 V。

3. 反向饱和区

当二极管外加反向电压不是很大时，只有很小的反向电流流过二极管，此电流称为反向饱和电流。温度一定时，少数载流子的数目也基本恒定，反向电流不随外加电压的变化而变化，故此区域为反向饱和区，即图 7-9 中 OC 段。反向饱和区的范围因管子类型的不同而不同。

4. 反向击穿区

当外加反向电压大于某一数值时，反向电流急剧增大，二极管的单向导电性被破坏，这种现象称为反向击穿，该区域称为反向击穿区，即图 7-9 中 *CD* 段，所对应的反向电压称为反向击穿电压。各类二极管的反向击穿电压大小不等，但普通的二极管被击穿后，其性能一般不能恢复，因此在使用二极管时，要注意所加反向电压一定要小于反向击穿电压。

7.3.3　二极管的主要参数

二极管的参数定量地描述了二极管的性能指标，是实际选用二极管及衡量其好坏的重要参考依据。二极管的主要参数如下。

1. 最大整流电流 I_{FM}

I_{FM} 是二极管长期运行时允许通过的最大正向平均电流，其值与 PN 结面积、材料及散热情况等都有关，使用时正向电流不能超过此值，否则二极管会因结温升过高而被烧毁。

2. 最大反向工作电压 U_{RM}

U_{RM} 是二极管工作时允许外加的最大反向电压，反向电压超过此值时，二极管将被反向击穿而损坏。为确保安全，一般规定最大反向工作电压是反向击穿电压的 $\dfrac{1}{2} \sim \dfrac{2}{3}$ 倍，即

$$U_{RM} = \left(\dfrac{1}{2} \sim \dfrac{2}{3} \right) U_{BR}。$$

3. 反向电流 I_R

I_R 是二极管未被击穿时的反向电流值。I_R 越小，二极管的单向导电性能越好。I_R 对温度非常敏感。

7.3.4　特殊二极管

1. 稳压二极管

稳压二极管简称稳压管，是一种硅材料制成的面接触型特殊二极管，它与适当数值的电阻配合使用能起到稳定电压的作用，其符号和特性曲线如图 7-10 所示。稳压管工作在反向击穿区，击穿区曲线很陡，几乎平行于纵轴，即使反向电流的变化量 ΔI_Z 较大，但稳压管两端相应的电压变化量 ΔU_Z 却很小，这就说明了稳压管的稳压特性。只要稳压管的反向电流不超过允许值，管子就不会因过热而被烧坏，所以需要选择合适的限流电阻与其一起工作。

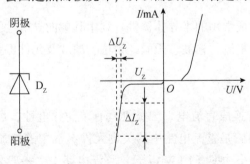

图 7-10　稳压管的符号及伏安特性曲线

2. 发光二极管

发光二极管简称 LED，是一种直接将电能转化为光能的特殊二极管，其外形和符号如图 7-11 所示。发光二极管工作于正向偏置状态，当管子加正向电压时，多数载流子的扩散运动加强，大量自由电子和空穴在空间电荷区复合时释放出的能量大部分转换为光能，从而使

LED 发光。LED 可以发出红、黄和绿等可见光，发光颜色取决于所用的半导体材料。

图 7-11　发光二极管的外形及符号

发光二极管具有功耗小、驱动电压低（1.5 ~ 3 V）、工作电流小（10 ~ 30 mA）、寿命长、可靠性高等优点，因此被广泛应用于电子设备的通断指示、数码及图形显示等电路中。

3. 光电二极管

光电二极管也称光敏二极管，是一种将光信号转换成电信号的特殊二极管，其外形和符号如图 7-12 所示。光电二极管工作于反向偏置状态。无光照时，其和普通二极管一样，反向电流很小，称为暗电流；当有光照时，产生自由电子-空穴对，反向电流迅速增大到几十微安，称为光电流。光电流与光强度成正比。为了增加受光面积，光电二极管的 PN 结的面积做得比较大。

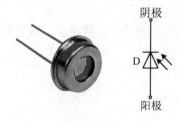

图 7-12　光电二极管的外形及符号

光电二极管在实际应用中也非常广泛，常用于光电检测、光电自动控制及光电池等。

7.4　二极管的应用

二极管是电子电路中最常用的半导体器件。利用其单向导电性及导通时正向压降很小的特点，二极管可用来进行整流、检波、限幅、钳位、滤波及元件保护等工作。

7.4.1　整流

整流就是将交流电转换成直流电。二极管具有单向导电性，可以将交流电变换为单一方向的直流电，因此二极管是整流电路中的关键元件。常用的整流电路可以分为单相整流电路和三相整流电路。在小功率（1 kW 以下）整流电路中，一般采用单相整流。图 7-13、图 7-14 为单相半波整流和单相桥式整流电路两种常用形式。

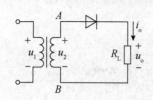

图7-13　单相半波整流电路

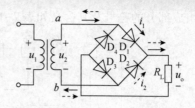

图7-14　单相桥式整流电路

7.4.2　限幅

利用二极管的单向导电性，将输入电压限定在要求的范围之内的过程，称为限幅。图7-15（a）中两个硅二极管反向并联，设输入电压为正弦波，其幅值为3 V，当 u_i 为正半波，且 $u_i \geqslant 0.7$ V时，二极管 D_1 导通；当 u_i 为负半波，且 $u_i \leqslant -0.7$ V时，二极管 D_2 导通。输出电压 u_o 被限制在 $-0.7 \sim 0.7$ V，其波形如图7-15（b）所示。此类电路常在电子电路中用来限制输入电压的幅值。

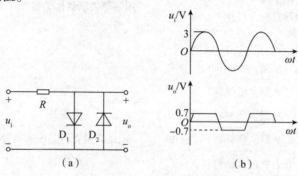

图7-15　二极管限幅电路

（a）电路图；（b）波形图

7.4.3　钳位

利用二极管正向导通时压降很小的特性，可组成钳位电路，如图7-16所示。图中，若 A 点电位 $V_A = 0$，因二极管正向导通其压降很小，所以 Y 点电位也被钳制在 0 V 左右，即 $V_Y \approx 0$。

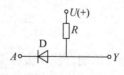

图7-16　二极管钳位电路

7.5　二极管的识别与测试

7.5.1　二极管的识别

1. 二极管的型号

GB/T 249—2017 规定，国产半导体器件的型号由五部分组成，如图7-17所示。半导体器件型号组成部分的符号及其含义如表7-1所示。

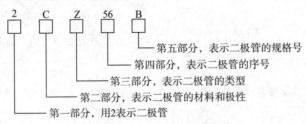

图7-17　国产二极管的型号命名方法

表7-1　半导体器件型号组成部分的符号及其含义

第一部分		第二部分		第三部分		第四部分	第五部分
用数字表示器件电极数目		用字母表示器件材料和极性		用字母表示器件类型		用数字表示器件序号	用字母表示器件规格号
符号	含义	符号	含义	符号	含义		
2	二极管	A	N型，锗材料	P	小信号管		
		B	P型，锗材料	H	混频管		
		C	N型，硅材料	V	检波管		
		D	P型，硅材料	W	电压调整管和电压基准管		
		E	化合物或合金材料	C	变容管		
		/	/	Z	整流管		
3	晶体管	A	PNP，锗材料	L	整流堆		
		B	NPN，锗材料	S	隧道管		
		C	PNP，硅材料	K	开关管		
		D	NPN，硅材料	N	噪声管		
		E	化合物材料	F	限幅管		
		/	/	X	低频小功率管		

2. 二极管外观识别

二极管的极性一般可从其外观进行识别。往往会将图形符号直接画在其管壳上，有时会在其管壳上靠近负极一端标出色环或色点。另外，仔细观察发光二极管，可以发现其内部的两个电极一大一小，一般来说，较小的电极为正极，较大的电极为负极。若是新的二极管，引脚较长的一端是正极。若从外形不能判别二极管的极性，就需用万用表进行测试。

7.5.2　二极管的测试

1. 检测原理

利用万用表检测二极管的最基本原理就是二极管的单向导电性。性能良好的二极管，其正向电阻小，反向电阻大，这两个电阻值相差越悬殊，二极管的单向导电性能越好，否则说明二极管的性能不好或者已经损坏。

2. 测试方法

（1）指针式万用表。将指针式万用表拨到欧姆挡，一般用 $R \times 100$ 或 $R \times 1k$ 挡。用两个表笔分别接触二极管的两个电极，测出一个阻值，然后将两表笔对调，再测出一个阻值。比较两次阻值的悬殊程度来判断二极管的性能好坏。若两次测量阻值都很小，说明二极管已经被击穿；若两次阻值都很大，说明二极管内部已经断路；若两次阻值相差不大，说明二极管性能欠佳。出现以上这些情况，二极管不能再使用。阻值小的那一次表笔接法，判断出与黑表笔连接的是二极管的正极，与红表笔连接的是二极管的负极。

（2）数字式万用表。将数字式万用表拨到二极管挡，用两支表笔分别接触二极管的两个电极，如果显示值在 1 V 以下，说明二极管处于正向导通状态，且显示值为正向压降值（单位为 mV），此时红表笔接的是二极管的正极，黑表笔接的是二极管的负极；若显示溢出符号 1，说明二极管处于反向截止状态，黑表笔接的是二极管的正极，红表笔接的是二极管的负极；若显示为 0，说明二极管已被击穿。

课堂习题

一、填空题

1. 物质按导电能力可分为_____、_____、_____。

2. 二极管由 PN 结构成，其主要特性是_____。

3. 在 N 型半导体中，多子是_____，少子是_____；在 P 型半导体中，多子是_____，少子是_____。

4. 半导体中有_____和_____两种载流子参与导电，其中_____带正电，而_____带负电。

5. 当二极管的正极电压低于负极电压时，二极管处于_____状态。

6. 二极管的正向特性曲线中有一段死区电压，硅管约为_____，锗管约为_____。

7. 二极管正常工作时，硅管的导通电压约为_____，锗管约为_____。

8. 稳压二极管必须工作在_____区，必须与_____电阻配合使用。

二、选择题

1. 当温度升高时，半导体的导电能力将（　　）。

A. 增强　　　　　　　B. 减弱　　　　　　　C. 不变

2. 图 7-18 所示电路中 D_1、D_2 为锗二极管，二极管的状态为（　　）。

A. D_1、D_2 都导通　　　　　　　　B. D_1、D_2 都截止

C. D_1 导通，D_2 截止　　　　　　　D. D_1 截止，D_2 导通

3. N 型半导体的多数载流子是电子，因此它应（　　）。

A. 带负电　　　　　　B. 带正电　　　　　　C. 不带电

4. 图 7-19 所示电路中，所有二极管均为理想元件，则 D_1、D_2、D_3 的工作状态为（　　）。

A. D_1 导通，D_2、D_3 截止　　　　　　　　B. D_1、D_2 截止，D_3 导通

C. D_1、D_3 截止，D_2 导通

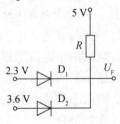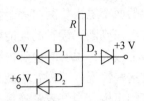

图 7-18　选择题 2 图　　　　　　　图 7-19　选择题 4 图

5. 图 7-20 所示电路中，二极管 D_1、D_2 为理想元件，D_1、D_2 的工作状态为（　　）。

A. D_1 导通，D_2 截止　　　　　　　　B. D_1 导通，D_2 导通

C. D_1 截止，D_2 导通　　　　　　　　D. D_1 截止，D_2 截止

6. 图 7-21 所示电路中，输出电压 U_o 为（　　）。

A. -12 V　　　　　　　B. -9 V　　　　　　　C. -3 V

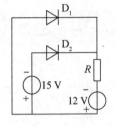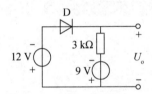

图 7-20　选择题 5 图　　　　　　图 7-21　选择题 6 图

三、综合题

1. 图 7-22 所示电路中，二极管为理想二极管且不会被反向击穿，试根据右侧输入波形画出输出波形。

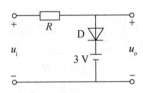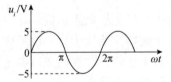

图 7-22　综合题 1 图

2. 图 7-23 所示电路中，稳压二极管的稳定电压 $U_Z = 5$ V，正向压降忽略不计。当输入电压分别为直流 10 V、3 V、-5 V 时，求输出电压 U_O；若 $u_i = 10\sin \omega t$V，试画出 u_o 的波形。

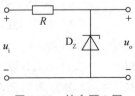

图 7-23　综合题 2 图

3. 电路如图 7-24 所示，试求下列几种情况下输出端 Y 的电位 V_Y 及各器件中通过的电流：

（1）$V_A = V_B = 0$ V；

（2）$V_A = +3$ V，$V_B = 0$ V；

（3）$V_A = V_B = +3$ V。

二极管正向压降可忽略不计。

4. 电路如图 7-25 所示，试求下列几种情况下输出端 Y 的电位 V_Y 及各器件中通过的电流：

（1）$V_A = +10$ V，$V_B = 0$ V；

（2）$V_A = +6$ V，$V_B = +5.8$ V；

（3）$V_A = V_B = +5$ V。

设二极管正向电阻为零，反向电阻为无穷大。

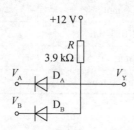

图 7-24　综合题 3 图

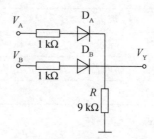

图 7-25　综合题 4 图

项目实施

一、原理说明

带插头电源线 CT、电源开关及熔断器 FU 构成电源输入电路，能够将正弦交流电（220 V，50 Hz）引入变压器的一次绕组。变压器将正弦交流电变换成符合电路要求的低压交流电压，并通过整流滤波电路变换成波动较小的平滑直流电压对电池进行充电，可通过 LED 进行充电状态的显示。参考电路如图 7-26 所示。

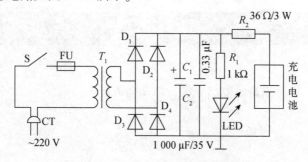

图 7-26　简易充电器电路图

二、实训器材

项目 7 实训器材如表 7-2 所示。

表 7-2　项目 7 实训器材

序号	名称	型号及规格	数量
1	变压器	10 W/12 V	1
2	发光二极管	红色	1
3	整流二极管	1N4007	4
4	电容	0.33 μF	1
5	电解电容	1 000 μF/35 V	1
6	电阻	1 kΩ	1
7	电阻	36 Ω/3 W	1
8	焊锡	φ1.0 mm	1
9	导线	单股 φ0.5 mm	若干
10	熔断器	5 mm×20 mm，0.5 A	若干
11	万用板	100 mm×50 mm	1

三、安装调试

1. 所需工具

（1）焊接工具：35 W 内热式电烙铁、焊锡丝、松香等。

（2）装配工具：镊子、螺丝刀、钳子等。

（3）调试工具：万用表、示波器。

2. 焊接说明

输入端子安排在万用板左沿处，输出端子安排在万用板右沿处，按信号走向进行元件布局，焊接时应注意有极性元件和发热元件。

3. 调试说明

（1）通电前，检查是否有短路、开路，电源极性、有极性器件是否焊接正确。

（2）通电后，由示波器检测输入、输出波形。

项目拓展

如果想让 LED 灯也可以指示电已充满，该如何改进电路呢？

项目 8　简易助听器的制作与调试

助听器作为一个声音放大装置，能有效地放大外界的声音。有听力损失的用户，可以通过佩戴助听器，听到放大后的声音信号。本项目制作一个简易助听器。

8.1　晶体管

晶体管又称三极管，它是最重要的一种半导体器件，具有放大作用和开关作用。自问世以来，晶体管涉及各种电子领域。本项目重点学习晶体管的结构、类型、特性曲线及其放大和开关作用，从而可以更好地应用晶体管解决实际问题。

8.1.1　晶体管的结构及类型

根据不同的掺杂方式在同一块半导体芯片上制造出 3 个掺杂区域，并形成两个反向 PN 结，分别从 3 个区域引出 3 个电极引线，加上管壳封装，就构成了晶体管。图 8-1 为常用晶体管的外形。

图8-1 常用晶体管的外形

从组成来看，两个 PN 结将晶体管分为 3 个区，分别称为基区、发射区和集电区，共用的区域为基区。3 个区域引出的 3 个电极分别称为基极 B 、发射极 E 和集电极 C ，发射区和基区间的 PN 结称为发射结，集电区与基区间的 PN 结称为集电结。另外，根据 3 个区域排列顺序的不同，晶体管可以分为 PNP 和 NPN 两种类型。其具体结构和符号如图 8-2 所示。

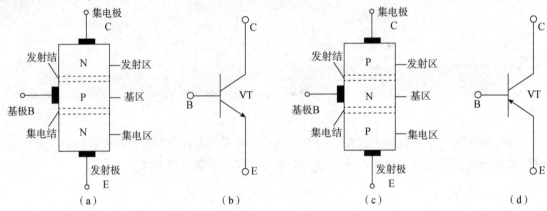

图8-2 晶体管的具体结构和符号
(a) NPN 型结构；(b) NPN 型符号；(c) PNP 型结构；(d) PNP 型符号

其中，基区可以控制载流子的通过，控制电流的放大作用，因此通常做得很薄且杂质浓度很低，目的是减小基极电流，增强基极的控制作用；发射区用来发射载流子，其杂质浓度较大；集电区用来收集发射区发射过来的载流子，故其结面积通常较大。晶体管的特性与这 3 个区域的特点紧密相关。晶体管的实际结构不是对称的，发射区的掺杂浓度远高于集电区的掺杂浓度，而集电结的面积比发射结大得多，因此晶体管的发射极和集电极不能对调使用。

根据材料不同，晶体管可以分为硅晶体管和锗晶体管两种，又分别可分为 NPN 和 PNP 两种类型。其工作原理大致相同，仅在使用时电源极性连接不同。

8.1.2 晶体管的电流放大作用

为了理解晶体管的电流放大作用，我们来做个实验，实验电路如图 8-3 所示。图中，VT 为 NPN 型晶体管。以晶体管为中心，此电路被分为两个回路：由基极电源 U_{BB} 、基极电阻 R_B 和晶体管的发射结所构成的回路称为输入回路；由集电极电源 U_{CC} 、集电极电阻 R_C 和晶体管的集电结所构成的回路称为输出回路。由于发射极作为输入和输出回路的公共端，把此电路称为共发射极放大电路。

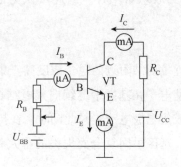

图8-3　共发射极放大电路

改变基极电阻 R_B 的大小，通过电流表测得基极电流 I_B 、集电极电流 I_C 和发射极电流 I_E 的变化，并记入表8-1中。

表8-1　晶体管电流测量数据

I_B/mA	0	0.010	0.020	0.030	0.040	0.050
I_C/mA	≈0	0.38	0.74	1.12	1.53	1.91
I_E/mA	≈0	0.39	0.76	1.15	1.57	1.96

对表8-1中的数据进行分析，得到以下结论。

（1）表8-1中每一列数据均满足关系式 $I_E = I_B + I_C$ ，此结论符合基尔霍夫电流定律。

（2） I_C 和 I_E 的数值比 I_B 大得多，而且每一列数据中 $\dfrac{I_C}{I_B}$ 都近似为常数，可用 $\bar{\beta}$ 代表这个常数，即 $\bar{\beta} = \dfrac{I_C}{I_B}$ ，这就是晶体管的电流放大作用，晶体管把 I_B 放大了 $\bar{\beta}$ 倍。把 $\bar{\beta}$ 称为直流放大系数。

（3）电流放大作用还体现在基极电流的少量变化 ΔI_B 引起集电极电流较大的变化 ΔI_C ，且 $\dfrac{\Delta I_C}{\Delta I_B}$ 也近似为常数，用 β 代表这个常数，即 $\beta = \dfrac{\Delta I_C}{\Delta I_B}$ ，把 β 称为交流放大系数。

（4）通过实验数据分析得到 $\bar{\beta} \approx \beta$ ，也就是直流放大系数和交流放大系数近似相等，在计算时不必严格区分，则有 $I_C = \beta I_B$ ， $I_E = (\beta + 1)I_B$ 。

这就是晶体管的电流放大作用，微小的基极电流可以控制较大的集电极电流，故晶体管是电流控制元件。晶体管具有电流放大作用可以通过晶体管内部载流子的运动规律来解释。图8-4为晶体管内部载流子的运动。

内部载流子的运动情况可以概括为以下3个方面。

1. 发射区向基区发射电子

发射结正偏，使内电场削弱，发射区的多数载流子（自由电子）在外电场作用下源源不断地越过发射结进入基区，形成发射极电流 I_E 。与此同时，基区的多数载流子（空穴）也会向发射区扩散，但由

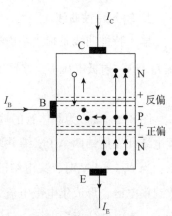

图8-4　晶体管内部载流子的运动

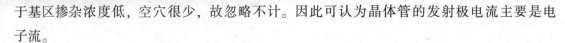

于基区掺杂浓度低，空穴很少，故忽略不计。因此可认为晶体管的发射极电流主要是电子流。

2. 基区中电子的扩散与复合

电子进入基区后，由于靠近发射结附近的电子浓度高于集电结附近的电子浓度，形成电子浓度差。浓度差的存在，促使电子在基区中继续向集电结扩散，当扩散到集电结附近时，被集电结电场拉入集电区，形成集电极电流。与此同时，在扩散过程中，电子中的很小一部分将与基区的空穴相遇而复合。基区中因复合而失去的空穴将由基区电源 U_{BB} 来不断补充，形成基极电流 I_B。

在基区中，扩散到集电区的电子数与复合的电子数的比例决定了晶体管的放大能力。为了提高放大能力，就应加强扩散，抑制复合。方法就是前面提到的，将基区做得很薄，同时减小其掺杂浓度。

3. 集电区收集电子

由于集电结加有较大的反向电压，这个反向电压产生的电场力将阻止集电区的多数载流子（自由电子）向基区扩散，同时将扩散到集电结附近的电子拉入集电区而形成较大的集电极电流 I_C。显然，集电区的少数载流子（空穴）也会产生漂移运动，流向基区形成反向饱和电流 I_{CBO}。其数值很小，但对温度非常敏感。

以上分析的是 NPN 型晶体管的电流放大原理。对于 PNP 型晶体管，其工作原理相同，只是晶体管各极所接电源极性相反，发射区发射的载流子是空穴而不是自由电子。

8.1.3 晶体管的特性曲线

晶体管的特性曲线用来表示该晶体管各极电压和电流之间的关系。由于晶体管有 3 个电极，以及输入和输出两个回路，故需要用输入特性曲线和输出特性曲线两组曲线来反映晶体管的性能，同时输入输出特性曲线也是分析放大电路的重要依据。

1. 输入特性曲线

输入特性曲线是指当集电极与发射极之间电压（U_{CE}）为定值时，输入回路中基极电流 I_B 与基-射极电压 U_{BE} 之间的关系曲线，用函数关系式可表示为

$$I_B = f(U_{BE}) \mid_{U_{CE}=常数} \tag{8-1}$$

图 8-5（a）为晶体管的输入特性曲线，当 $U_{CE}=0\,V$ 时，相当于集电极和发射极短接，集电结和发射结两个 PN 结并联，因此输入特性曲线和二极管的特性曲线类似，呈指数关系；当 $U_{CE}=1\,V$ 时，集电结已反偏，其电场足以把从发射区扩散到基区的绝大部分电子吸收到集电区，形成集电极电流 I_C，因此在相同 U_{BE} 作用时，I_B 减小，特性曲线将右移。再增大 U_{CE} 集电结的反向电压，已经把基区中除与空穴复合以外的电子都吸收到集电区，故再增加 U_{CE}，也不能使 I_B 明显减小，因此曲线不再向右移。$U_{CE} \geqslant 1\,V$ 以后的输入特性曲线基本是重合的，所以只画出 $U_{CE} \geqslant 1\,V$ 的一条输入特性曲线。

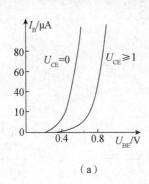 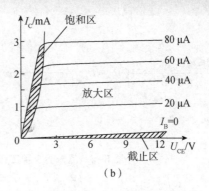

（a）   （b）

图 8-5　晶体管输入、输出特性曲线

（a）输入特性曲线；（b）输出特性曲线

通过输入特性曲线可以看出晶体管的特性曲线与二极管正向伏安特性曲线相似，且都是非线性的；输入特性也有一段死区，硅管约为 0.5 V，锗管约为 0.1 V；晶体管正常工作时，硅管的 $U_{BE} = 0.6 \sim 0.7$ V，锗管为 $0.2 \sim 0.3$ V。

2. 输出特性曲线

输出特性曲线是指当基极电流 I_B 为常数时，集电极电流 I_C 与集-射极电压 U_{CE} 之间的关系曲线，用函数关系式可表示为

$$I_C = f(U_{CE}) \mid_{I_B = 常数} \tag{8-2}$$

对于每一个确定的 I_B，都有一条对应的曲线，所以输出特性曲线是一簇曲线。从每一条曲线来看，当 U_{CE} 从零逐渐增加时，集电结电场随之增强，收集基区非平衡少子的能力逐渐增强，因此 I_C 逐渐增大。而当 U_{CE} 增加到一定数值时，I_C 也不再明显增加，表现为曲线几乎平行于横轴，即 I_C 几乎仅仅取决于 I_B。

把输出特性曲线分为 3 个部分来看，对应晶体管的 3 个工作状态。

（1）**截止区**。$I_B = 0$ 以下的区域为截止区。当 $I_B = 0$ 时，$I_C = \beta I_B = 0$，晶体管的集电极和发射极之间近似开路，相当于一个断开的开关，此时晶体管截止，无电流放大作用。其特征是发射结和集电结都处于反向偏置状态。

（2）**放大区**。输出特性曲线近似水平的部分为放大区。在此区域中，$I_C = \beta I_B$，表现出 I_B 对 I_C 的控制作用，晶体管具有电流放大的作用，此时晶体管的发射极和集电极之间相当于一个可变的电阻。放大区的特征是发射结正向偏置，集电结反向偏置。

（3）**饱和区**。输出特性曲线近似直线上升的区域为饱和区。此区域 I_B 的变化对 I_C 的影响较小，两者不成比例，放大区的 β 不能适用于饱和区，此时 $U_{CE} \approx 0$ V，$I_C \approx \dfrac{U_{CC}}{R_C}$，晶体管发射极和集电极之间如同一个闭合的开关。饱和区的特征是发射结和集电结都处于正向偏置状态。

图 8-6 为 NPN 型晶体管 3 种工作状态下的电压和电流关系。

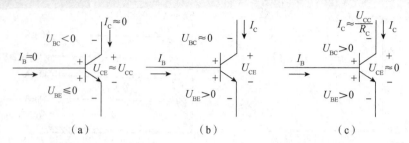

图 8-6　晶体管 3 种工作状态下的电压和电流

（a）截止；（b）放大；（c）饱和

8.1.4　晶体管的主要参数

1. 电流放大系数 $\bar{\beta}$，β

对于共发射极放大电路，电流放大系数反映晶体管对电流的放大能力，分为直流放大系数 $\bar{\beta}$ 和交流放大系数 β 两种。

（1）直流放大系数 $\bar{\beta}$。对于共发射极放大电路，在无信号输入情况下，集电极电流 I_C 和基极电流 I_B 的比值，称为共发射极直流电流放大系数，记为

$$\bar{\beta} = \frac{I_C}{I_B} \tag{8-3}$$

（2）交流放大系数 β。对于共发射极放大电路，在有输入信号的情况下，集电极电流变化量 ΔI_C 和基极电流变化量 ΔI_B 的比值，称为共发射极交流电流放大系数，记为

$$\beta = \frac{\Delta I_C}{\Delta I_B} \tag{8-4}$$

β 和 $\bar{\beta}$ 的含义不同，但通常在输出特性曲线近于平行等距并且（穿透电流）较小的情况下，两者数值相近，因此在进行估算时，常取 $\bar{\beta} = \beta$。常用的小功率管的 β 值为 20～150。

2. 极间反向电流

（1）集电极-基极间的反向电流 I_{CBO}。I_{CBO} 是发射极开路时，集电极-基极间的反向电流，是由集电区的少数载流子在集电结反向电压作用下漂移运动产生的。在一定温度下，I_{CBO} 基本是常数，故称为反向饱和电流，但它受温度影响特别大，会影响放大电路的稳定性。常温下，一般小功率硅管的 I_{CBO} 小于 1 μA，锗管的 I_{CBO} 为几微安到几十微安。I_{CBO} 越小越好，故在环境温度较高时，应尽量采用硅管。

（2）集电极-发射极间的反向电流 I_{CEO}。I_{CEO} 是基极开路时，集电极-发射极间的反向电流，因为它像是从集电极直接穿透晶体管而到达发射极的，所以又称为穿透电流。它与 I_{CBO} 的关系为 $I_{CEO} = (1 + \beta) I_{CBO}$。一般把 I_{CEO} 作为判断晶体管质量的重要依据，其值越小，晶体管的质量越好。常温下，一般小功率硅管的 I_{CEO} 在 1 μA 以下，锗管的 I_{CEO} 为几十微安到几百微安。

3. 极限参数

（1）集电极最大允许电流 I_{CM}。集电极电流 I_C 增加到一定值时，晶体管的 β 就会下降，影响电路的放大能力。当 β 下降到正常值的 $\frac{2}{3}$ 时所对应的集电极电流值，称为集电极最大允

许电流，用 I_{CM} 表示。

（2）集-射极反向击穿电压 $U_{(BR)CEO}$。基极开路时，加在集电极和发射极之间的最大允许电压，称为集-射极反向击穿电压 $U_{(BR)CEO}$。当晶体管的集-射极电压 U_{CE} 大于 $U_{(BR)CEO}$ 时，晶体管将被击穿而烧毁。为了电路工作可靠，应取集电极电源电压 $U_{CC} \leqslant \left(\dfrac{1}{2} \sim \dfrac{2}{3} \right) U_{(BR)CEO}$。

（3）集电极最大允许耗散功率 P_{CM}。集电极电流通过晶体管时要产生功耗，使其电结发热，结温升高。为了限制温度不超过允许值，而规定集电结功耗的最大值，称为集电极最大允许耗散功率 P_{CM}。P_{CM} 主要指结温的限制，一般来说，锗管允许结温为 $70 \sim 90$ ℃，硅管允许结温约为 150 ℃。

8.1.5 晶体管的使用

1. 晶体管的型号

国产晶体管的型号一般由五部分组成，如图 8-7 所示。型号 3AX31A 代表 PNP 型锗材料低频小功率晶体管。

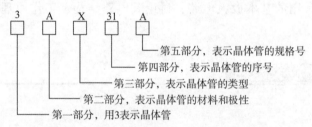

图8-7   国产晶体管的型号命名方法

2. 晶体管的检测

利用数字万用表既能判别出晶体管的极性，又能鉴别是硅管还是锗管，具体步骤如下。

（1）判别基极 B。将数字万用表打到 $R \times 100$ 或 $R \times 1k$ 挡，先假设晶体管任意管脚为基极，用黑表笔搭在其上，而用红表笔分别搭连另两个管脚。若两次测得的电阻都很大（几千欧到十几千欧）或者都很小（几百欧到几千欧），则对调表笔再重复测量，若测得的两个电阻值都很大或很小，则可确定假设的基极是正确的。否则，假设另一电极为基极，重复上述测试，以确定基极。若无一个电极满足上述测量结果，说明晶体管已损坏。

（2）判别管型。确定基极后，黑表笔接基极，红表笔分别测试其余两个电极，若测得电阻值都很小，则该晶体管为 NPN 型，反之则为 PNP 型。

（3）判别集电极 C 和发射极 E。若已确定了晶体管的基极和管型，再使用万用表的 $R \times 1k$ 挡。以 NPN 型管为例，如图 8-8 所示，将黑表笔接到假设的集电极 C 上，红表笔接到假设的发射极 E 上，并用手捏住 B 和 C 极，相当于在 B、C 之间接了一个 $100 \text{ k}\Omega$ 左右的电阻，读出表头所示 C、E 间的电阻值，然后将红、黑表笔对调重测。比较两次测得的电阻值，以小的一次假设为正确假设。据此还可以判断电流放大系数的大小，表针偏转越大，阻值越小，放大能力越强。

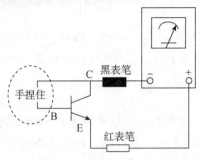

图 8-8　判别晶体管 C、E 示意

　　晶体管的主要用途是利用其电流放大作用组成放大电路，将微弱的电信号转变为较强的电信号，去控制大功率的负载。例如，收音机和电视机中，也是将天线接收到的微弱信号放大到足以推动扬声器和显像管的程度。放大电路的类型有很多，从放大信号的强弱来分，有电压放大电路和功率放大电路；从放大电路的接线方式来分，有共发射极放大电路、共集电极放大电路和共基极放大电路；从放大的对象不同来分，有直流放大电路和交流放大电路。以下将介绍常用的基本放大电路，讨论其电路结构、工作原理、分析方法及特点和应用。

8.2　共发射极放大电路

8.2.1　概述

　　放大电路也称放大器，用来不失真地放大微弱的电信号，应用十分广泛。放大电路的组成框图如图 8-9 所示。晶体管具有电流放大作用，是组成放大电路的核心元件。信号源是需要放大的电信号，它可能是天线接收的信号、传感器检测到的信号，也可能是前一级电子电路的输出信号。负载是接收放大电路输出信号的元器件或电路。直流电源的作用是通过由电阻等元件组成的偏置电路，为晶体管提供合适的电压与电流，使其处于放大状态，并为放大电路输出信号提供必要的能量。

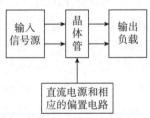

图 8-9　放大电路的组成框图

8.2.2　电路组成

　　图 8-10 是一个以 NPN 型晶体管为核心的基本共发射极放大电路。

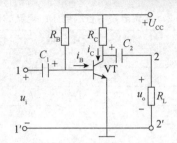

图 8-10   基本共发射极放大电路

图 8-10 中，11′ 为输入端，外接交流电压信号 u_i，经电容 C_1 加到晶体管的基-射极间，这是输入回路；22′ 为输出端，交流输出信号电压 u_o 由晶体管的集-射极间经电容 C_2 传送给负载 R_L，这是输出回路。可见，发射极是输入回路和输出回路的公共端，因此这种放大电路称为共发射极放大电路。电路中各个元器件的作用如下。

（1）**晶体管 VT**。晶体管是放大电路的核心元件，利用它的电流放大作用，在集电极电路获得放大了的电流，这个电流受基极输入信号的控制。从能量的角度看，晶体管将输入端能量较小的信号转化为输出端能量较大的信号，但并不是放大电路把能量放大了，能量是守恒的，输出端的较大能量来自直流电源 U_{CC}。也就是能量较小的输入信号通过晶体管的控制作用，去控制电源 U_{CC} 所供给的能量，在输出端获得一个能量较大的信号。这是放大作用的实质，而晶体管只是控制元件。

（2）**集电极直流电源 U_{CC}**。直流电源除了为放大电路提供能量外，另一个作用是保证晶体管工作在放大区发挥其放大作用，即发射结正向偏置，集电结反向偏置。U_{CC} 一般为几伏到几十伏。

（3）**集电极负载电阻 R_C**。集电极负载电阻简称集电极电阻，能将集电极电流 i_C 的变化转换成集-射极间电压 u_{CE} 的变化（$u_{CE} = U_{CC} - i_C R_C$），以实现电压的放大。$R_C$ 的值一般为几千欧到几十千欧。

（4）**基极偏置电阻 R_B**。基极偏置电阻简称基极电阻，它的作用是使发射结正向偏置，并提供合适的基极电流 I_B，以保证放大电路获得合适的工作点。R_B 的值一般为几十千欧到几百千欧。

（5）**耦合电容 C_1、C_2**。电容的作用是隔断直流、传输交流信号。隔直流是指 C_1 用来隔断放大电路和信号源之间的直流通路，而 C_2 则用来隔断放大电路与负载之间的直流通路，使放大电路与信号源及负载之间无直流电量的联系；通交流是指保证交流信号畅通无阻地经过放大电路，沟通信号源、放大电路和负载三者之间的交流通路。只要电容值足够大，在输入信号的频率范围内可使容抗 X_C 很小，电容近似短路，交流信号可以无衰减地通过。在实际应用中，C_1、C_2 均是容量较大、体积小的电解电容，一般为几微法到几十微法。在连接时，要注意极性不能接反。

8.2.3   共发射极放大电路的分析

晶体管放大电路是交直流共存的电路，在直流电源 U_{CC} 及交流输入信号 u_i 的作用下，电路中既有直流，又有交流。当 $u_i = 0$ 时，称为放大电路的静态；当 $u_i \neq 0$ 时，称为放大电路的动态。为了便于分析，对放大电路中各级电压、电流的符号的规定如表 8-2 所示。

表 8-2　放大电路中各级电压、电流的符号

名称	直流值	交流分量		总电压或电流	
		瞬时值	有效值	瞬时值	平均值
基极电流	I_B	i_b	I_b	i_B	$I_{B(AV)}$
集电极电流	I_C	i_c	I_c	i_C	$I_{C(AV)}$
发射极电流	I_E	i_e	I_e	i_E	$I_{E(AV)}$
集-射极电压	U_{CE}	u_{ce}	U_{ce}	u_{CE}	$U_{CE(AV)}$
基-射极电压	U_{BE}	u_{be}	U_{be}	u_{BE}	$U_{BE(AV)}$

1. 静态分析

在静态工作时，放大电路中只有直流电压和直流电流（静态值），故电容 C_1、C_2 可视为开路，于是将图 8-10 所示电路改画成图 8-11 所示的直流通路。直流通路是在直流电源作用下直流电流流经的通路。画直流通路时应作如下处理：电容视为开路；电感线圈视为短路；信号源视为短路，但应保留其内阻。下面根据直流通路求解静态值。

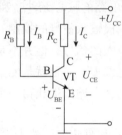

图 8-11　直流通路

图 8-11 中，$+U_{CC}$、R_B 和 VT 发射结构成基极回路，电路中 I_B 为

$$I_B = \frac{U_{CC} - U_{BE}}{R_B} \approx \frac{U_{CC}}{R_B} \qquad (8-5)$$

硅管 $U_{BE} \approx 0.6 \sim 0.7\ \text{V}$，锗管 $U_{BE} \approx 0.2 \sim 0.3\ \text{V}$，由于 $U_{BE} \ll U_{CC}$，故可忽略不计。由 I_B 可得出静态时的集电极电流为

$$I_C = \bar{\beta} I_B + I_{CEO} \approx \beta I_B \qquad (8-6)$$

在 $+U_{CC}$、R_C 和晶体管集电极和发射极构成的输出回路中，集-射极电压为

$$U_{CE} = U_{CC} - I_C R_C \qquad (8-7)$$

由 I_B、I_C、U_{CE} 这 3 个静态值，可在晶体管的特性曲线上找到一个对应点，这个点称为晶体管的静态工作点，用字母 Q 表示，如图 8-12 所示。Q 反映了放大电路无输入信号时的工作状态。

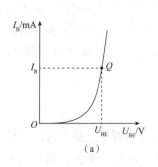

（a）

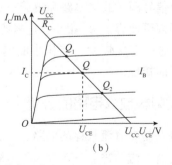

（b）

图 8-12　静态工作点

图 8-12 （b） 中，直线表示放大电路输出回路直流电压 U_{CE} 和直流电流 I_C 之间的关系，称为直流负载线。因此静态工作点为输出特性曲线与直流负载线的交点，其位置是否合适对放大电路的工作性能有很大的影响。Q 的位置可以用过改变 I_B 的数值来调整。例如，I_B 增大时，静态工作点 Q 沿负载线向左上方移动，如 Q_1 点，但当 I_B 太大，Q 点位置过高时，电路会出现饱和失真；I_B 减小时，静态工作点 Q 沿负载线向右下方移动，如 Q_2 点，但当 I_B 太小，Q 点位置过低时，会出现截止失真。

【例 8-1】 图 8-10 所示共发射极放大电路中，$U_{CC} = 12\ \text{V}$，$R_C = 3\ \text{k}\Omega$，$R_B = 240\ \text{k}\Omega$，$\beta = 40$，试计算该电路的静态工作点。

解：由式 （8-5）~式 （8-7） 可得

$$I_B = \frac{U_{CC} - U_{BEQ}}{R_B} \approx \frac{U_{CC}}{R_B} = \frac{12}{240}\ \text{mA} = 50\ \mu\text{A}$$

$$I_C \approx \beta I_B = 40 \times 50\ \mu\text{A} = 2\,000\ \mu\text{A} = 2\ \text{mA}$$

$$U_{CE} = U_{CC} - I_C R_C = (12 - 2 \times 3)\ \text{V} = 6\ \text{V}$$

2. 动态分析

在上述直流状态的基础上，加入交流输入信号，此时晶体管的各个电压和电流都含有直流分量和交流分量。直流分量即静态值，由上述静态分析来确定。动态分析是在静态值确定之后分析交流信号在电路中的放大和传输情况，也就是分析电路中电流和电压随输入信号的变化情况。

图 8-13 为动态时放大电路中的电压和电流，为简化分析，先不接入负载电阻 R_L，图中用虚线表示。

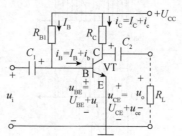

图 8-13　动态时电路中的电压和电流

设输入信号 u_i 是正弦交流电压，即

$$u_i = U_{im}\sin \omega t$$

耦合电容 C_1 两端电压为 U_{C_1}，C_2 两端电压为 U_{C_2}，耦合电容选取的容量足够大，其静态时的充电电压为 $U_{C_1} = U_{BE}$，而对于交流信号，电容相当于短路，此时晶体管发射结的电压为

$$u_{BE} = U_{C_1} + u_i = U_{BE} + U_{im}\sin \omega t$$

在 u_{BE} 的作用下，晶体管的基极电流也由直流电流 I_B 和交流电流 i_b 两部分组成，即

$$i_B = I_B + i_b = I_B + I_{bm}\sin \omega t$$

根据晶体管的放大原理，可得集电极电流为

$$i_C = I_C + i_c = I_C + I_{cm}\sin \omega t$$

电流 i_C 流过集电极电阻 R_C，将产生压降，所以晶体管集-射极间的电压为

$$u_{CE} = U_{CC} - i_C R_C$$
$$= U_{CC} - (I_C + i_c) R_C$$
$$= U_{CC} - I_C R_C - i_c R_C$$
$$= U_{CE} - i_c R_C$$

式中，$-i_c R_C$ 是 u_{CE} 的交流分量，记为 u_{ce}，负号表示其相位与 i_c 的相位相反，因此有

$$u_{CE} = U_{CE} - i_c R_C = U_{CE} + u_{ce} = U_{CE} + U_{cem} \sin(\omega t + \pi)$$

由于耦合电容 C_2 的隔直通交作用，输出电压 u_o 不包含直流分量，即

$$u_o = u_{ce} = U_{cem} \sin(\omega t + \pi)$$

上述 u_i、u_{BE}、i_B、i_C、u_{CE}、u_o 的波形如图 8-14 所示。

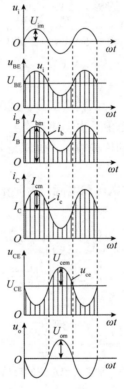

图 8-14　动态时的电流电压波形

如果接入负载电阻，放大电路的工作情况基本相同，只是输出信号 u_o 的幅值相应减小一些。

通过上述分析及相应波形图，可得出如下结论。

（1）动态时，电路中既有直流分量又有交流分量。直流分量是基础，用来保证放大电路正常工作；交流分量是信号，是放大的对象。交流信号载在直流分量上，经过晶体管的放大，并通过耦合电容还原成交流，从而得到不失真的放大。

（2）放大电路在放大交流信号的过程中，要始终保持晶体管工作在放大状态，即电压 u_{BE} 和 u_{CE} 的极性始终不变，从而保证发射结始终处于正向偏置，集电结始终处于反向偏置。

（3）i_b 和 i_c 与输入信号电压 u_i 的相位相同，而 u_{ce} 和 u_o 则与 u_i 相位相反。输出电压 u_o

与输入电压 u_i 相位相反，这也是共发射极放大电路的重要特点。

8.2.4 晶体管的性能指标

晶体管是非线性元件，其输入、输出特性曲线都是非线性的，故其放大电路是非线性电路，分析、计算均不方便。在小信号条件下，在给定的工作范围内，晶体管的特性曲线基本是线性的，故可有条件地将晶体管看成一个线性元件，把晶体管等效为一个线性电路来分析计算。这个条件是输入信号的幅值必须较小。这种方法称为微变等效电路法。

注意： 微变等效电路是在交流通路的基础上建立的，因此只能进行交流分量的分析计算，不能用来分析直流分量。

1. 晶体管微变等效电路

先分析晶体管的输入回路。晶体管的输入特性曲线是非线性的，但输入信号很小时，静态工作点 Q 附近的工作段可认为是一直线，如图 8-15（a）所示。定义

$$r_{be} = \frac{\Delta U_{BE}}{\Delta I_B} = \frac{u_{be}}{i_b}$$

式中，u_{be}、i_b 是交流量；r_{be} 为晶体管的输入电阻，它是对交流而言的一个动态电阻，在小信号情况下是一个常数，可用来等效代替晶体管的输入电路，使之线性化，如图 8-15（b）所示。r_{be} 的阻值与静态工作点 Q 的位置有关。低频小功率晶体管的输入电阻常用下式进行估算。

$$r_{be} \approx 300(\Omega) + (\beta + 1)\frac{26(mV)}{I_E(mA)} \tag{8-8}$$

式中，β 为晶体管的电流放大系数；I_E 为放大电路的发射极静态电流；r_{be} 在晶体管手册中常用 h_{ie} 代表，阻值一般为几百欧到几千欧。

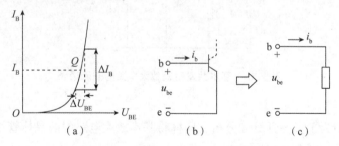

图 8-15 晶体管输入回路的等效电路

下面再分析晶体管输出端的微变等效电路。由输出特性曲线可知，在放大区输出特性是一组近似水平平行和等间隔的直线，忽略 U_{CE} 对 I_C 的影响，则

$$\beta = \frac{\Delta I_C}{\Delta I_B} = \frac{i_c}{i_b}$$

式中，β 在小信号条件下是常数。因此，晶体管的电流放大作用可以用一个等效电流源来代替，即 $i_c = \beta i_b$。因 i_c 是由 i_b 控制的，故这是一个受控电流源，如图 8-16 所示。

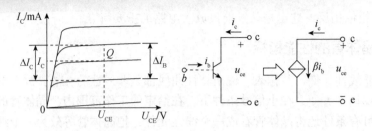

图 8-16 晶体管输出回路的等效电路

综上所述，可以画出晶体管的微变等效电路，如图 8-17 所示。

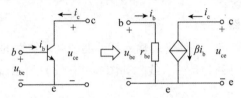

图 8-17 晶体管微变等效电路

2. 交流通路

放大电路工作时，其在交流信号作用下电流经过的路径称为放大电路的交流通路。现将图 8-10 所示共发射极放大电路改画成交流通路。画交流通路时作如下处理：耦合电容视为短路；无内阻直流电源视为短路。交流通路如图 8-18 所示。

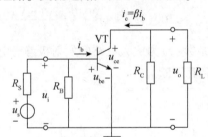

图 8-18 基本共发射极放大电路的交流通路

3. 电压放大倍数 A_u 的计算

在实际计算中为了方便计算和分析，同样将基本放大电路中的晶体管用微变等效电路法进行替换，替换后如图 8-19 所示。

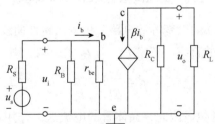

图 8-19 基本放大电路的微变等效电路

放大电路中的输入电压为

$$u_i = i_b r_{be}$$

输出电压为

$$u_o = -i_c R_L' = -\beta i_b R_L'$$

其中，R_L' 为放大电路的负载电阻，$R_L' = R_C \mathbin{/\mkern-5mu/} R_L$。

放大电路的电压放大倍数为

$$A_u = \frac{u_o}{u_i} = -\beta \frac{R_L'}{r_{be}} \tag{8-9}$$

式中，负号表示输出电压和输入电压的相位相反。

若电路中未接负载，则电压放大倍数为

$$A_u' = \frac{u_o}{u_i} = -\beta \frac{R_C}{r_{be}} \tag{8-10}$$

因为 $R_L' < R_C$，所以未接负载时的电压放大倍数要比接负载时的小。分析式（8-9），A_u 除与 R_L、R_C 有关外，还和 β、r_{be} 有关。选用 β 值大的晶体管似乎可以提高 A_u 值，但保持 I_E 为一定值的条件下，r_{be} 将随 β 的增大而增大，故选用 β 大的晶体管并不能有效提高本级放大电路的电压放大倍数。实际当 β 足够大时，电压放大倍数几乎和 β 无关。此外，在 β 一定时，只要稍微把 I_E 增大一些，就能使电压放大倍数在一定范围内明显提高，而往往选用 β 较高的晶体管反而达不到这个效果。但是 I_E 的增大是有限制的，I_E 太大，晶体管工作点上移，电路容易产生饱和失真，且电路的噪声和损耗增大。

4. 输入电阻 r_i 的计算

放大电路对信号源来说是一个负载，可用一个电阻来等效代替，如图 8-20 所示。这个电阻是信号源的负载电阻，也就是放大电路的输入电阻 r_i，等于输入电压 u_i 与输入电流 i_i 的比值。它是对交流信号而言的一个动态电阻，即

$$r_i = \frac{u_i}{i_i}$$

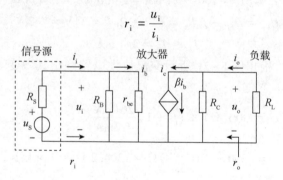

图 8-20　放大电路的输入和输出电阻

由图 8-20 可知

$$r_i = \frac{R_B r_{be}}{R_B + r_{be}} \tag{8-11}$$

通常 $R_B \gg r_{be}$，因此有

$$r_i \approx r_{be} \tag{8-12}$$

如果放大电路的输入电阻较小，将从信号源取用较大的电流，从而增加信号源的负担；另外，经过信号源内阻 R_S 产生压降，使实际加到放大电路的输入电压减小，从而输出电压减小。所以通常希望放大电路的输入电阻大一些，这样可以使 i_i 小一些，这样在信号源上的压降就会小一些。

5. 输出电阻 r_o 的计算

放大电路对负载来说是一个信号源，其内阻即为放大电路的输出电阻 r_o，如图 8-20 所示，在信号源短路（$u_S = 0$）的条件下可等于输出电压 u_o 与输出电流 i_o 的比值。它也是一个动态电阻，即

$$r_o = \frac{u_o}{i_o}$$

由图 8-20 可知，放大电路的输出电阻为

$$r_o = R_C \tag{8-13}$$

如果放大电路的输出电阻较大，当负载变化时，输出电压变化较大，也就是放大电路的带负载能力较差，因此通常希望放大电路的输出电阻小一些，以提高放大电路的带负载能力。

【例8-2】 在图 8-21 所示电路中，已知硅晶体管 $\beta = 100$，$U_{BEQ} = 0.7\,V$，$U_{CC} = 12\,V$，$R_B = 470\,k\Omega$，$R_C = 2\,k\Omega$，$R_L = 2\,k\Omega$。求：

（1）静态工作点；

（2）接入负载 R_L 和不接 R_L 时的电压放大倍数；

（3）输入电阻和输出电阻。

解：（1）求静态工作点。根据图 8-21 所示电路画出交流放大电路的直流通路，如图 8-22 所示。静态工作点计算如下。

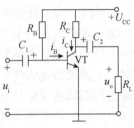

图 8-21 【例 8-2】图

$$I_B = \frac{U_{CC} - U_{BEQ}}{R_B} = \frac{12 - 0.7}{470}\,mA = 24\,\mu A$$

$$I_C = \beta I_B = 100 \times 24\,\mu A = 2\,400\,\mu A = 2.4\,mA$$

$$U_{CE} = U_{CC} - I_C R_C = (12 - 2.4 \times 2)\,V = 7.2\,V$$

$$I_E \approx I_C = 2.4\,mA$$

（2）求 A_u 和 A_u'。根据图 8-21 所示交流放大电路画出其微变等效电路，如图 8-23 所示。

$$r_{be} \approx 300(\Omega) + (\beta + 1)\frac{26(mV)}{I_E(mA)}$$

$$= (300 + 101\frac{26}{2.4})\Omega = 1394.2\,\Omega \approx 1.4\,k\Omega$$

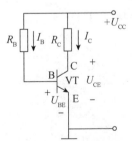

图 8-22 直流通路

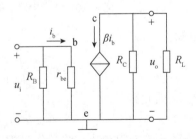

图 8-23 放大电路的微变等效电路

接负载电阻 R_L 时，有

$$R_L' = R_C \,/\!/\, R_L = 1\,k\Omega$$

$$A_u = \frac{u_o}{u_i} = -\beta \frac{R_L{}'}{r_{be}} = -100 \times \frac{1}{1.4} = -71.4$$

不接负载电阻 R_L 时，有

$$A_u{}' = \frac{u_o}{u_i} = -\beta \frac{R_C}{r_{be}} = -100 \times \frac{2}{1.4} = -142.8$$

（3）求 r_i 和 r_o。

$$r_i \approx r_{be} = 1.4\ k\Omega$$
$$r_o = R_C = 2\ k\Omega$$

8.2.5　静态工作点的稳定与计算

前面介绍的共发射极放大电路结构简单，电压和电流的放大作用都比较大，然而保证放大电路有较好的放大效果就需要有稳定的静态工作点，但共发射极放大电路的缺点就是静态工作点不稳定，电路本身没有自动稳定工作点的能力。

造成静态工作点不稳定的原因有很多，如电源电压的波动、电路参数的变化、晶体管的老化等，但最主要的原因是晶体管参数（ u_{BE}、β、I_{CBO} ）随温度变化造成的工作点偏移。

为克服基本共发射极放大电路不能稳定工作点的问题，通常采用图8-24（a）所示的分压偏置放大电路。该电路中直流电源 U_{CC} 经过两个基极电阻 R_{B1} 和 R_{B2} 分压后接到晶体管的基极，晶体管的发射极通过一个电阻 R_E 接地，在 R_E 的两端并联一个大电容 C_E，称为旁路电容。图8-24（b）为分压偏置放大电路的直流通路。

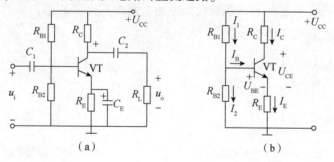

图8-24　分压偏置放大电路及其直流通路

（a）放大电路；（b）直流通路

1. 静态工作点的稳定

分压偏置放大电路之所以能够稳定静态工作点，是因为此电路具有以下特点。

（1）利用电阻 R_{B1} 和 R_{B2} 分压来稳定基极电位。

设流过电阻 R_{B1} 和 R_{B2} 的电流分别为 I_1 和 I_2，且 $I_1 = I_2 + I_B$，一般 I_B 很小，$I_1 \gg I_B$，近似认为 $I_1 \approx I_2$，这样基极电位为

$$U_{BQ} \approx \frac{R_{B2}}{R_{B1} + R_{B2}} U_{CC}$$

所以，基极电位 U_{BQ} 由电压 U_{CC} 经 R_{B1} 和 R_{B2} 分压所决定，不随温度变化。

（2）利用发射极电阻 R_E 来实现工作点的稳定。

当温度升高时，集电极电流 I_C 增大，发射极电流 I_E 必然相应增大，因而发射极电阻 R_E 上的电压 U_E（即发射极的电位）随之增大；因为 U_{BQ} 基本不变，而 $U_{BE} = U_{BQ} - U_{EQ}$，所以

U_{BE} 势必减小，导致基极电流 I_B 减小，I_C 随之相应减小。结果，I_C 随温度升高而增大的部分几乎被由于 I_B 减小而减小的部分相抵消，I_C 将基本不变，U_{CE} 也将基本不变，从而静态工作点被稳定下来。其过程可简写为

$$T(℃)\uparrow \longrightarrow I_C\uparrow \longrightarrow I_E\uparrow \longrightarrow U_{EQ}\uparrow(因为 U_{BQ} 基本不变)\longrightarrow U_{BE}\downarrow \longrightarrow I_B\downarrow$$
$$I_C\downarrow \longleftarrow$$

当温度降低时，各物理量向相反方向变化，I_C 和 U_{CE} 也将基本不变。

由此可见，稳定工作点的关键是利用发射极电阻 R_E 两端的电压来影响 U_{BE} 的大小，从而使 I_B 反方向变化，达到稳定工作点的目的。

2. 静态工作点的计算

当满足 $I_1 \gg I_B$，$U_{BQ} \gg U_{BEQ}$ 时，由直流通路可求得

$$U_{BQ} \approx \frac{R_{B2}}{R_{B1} + R_{B2}} U_{CC} \tag{8-14}$$

$$I_C \approx I_E = \frac{U_{BQ} - U_{BEQ}}{R_E} \approx \frac{U_{BQ}}{R_E} \tag{8-15}$$

$$U_{CE} = U_{CC} - I_C R_C - I_E R_E \approx U_{CC} - I_C(R_C + R_E) \tag{8-16}$$

$$I_B = \frac{I_C}{\beta} \tag{8-17}$$

3. 电压放大倍数、输入电阻、输出电阻的计算

根据图 8-24（a）所示的分压偏置放大电路，画出其交流通路，如图 8-25 所示。根据交流通路画出其微变等效电路，如图 8-26 所示。

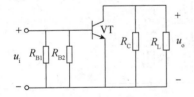

图 8-25 分压偏置放大电路的交流通路

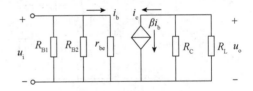

图 8-26 微变等效电路

根据图 8-26 所示的微变等效电路可得

$$A_u = \frac{u_o}{u_i} = -\frac{i_c(R_C /\!/ R_L)}{i_b r_{be}} = -\beta \frac{(R_C /\!/ R_L)}{r_{be}} = -\beta \frac{R_L'}{r_{be}} \tag{8-18}$$

$$r_i = R_{B1} /\!/ R_{B2} /\!/ r_{be} \approx r_{be} \tag{8-19}$$

$$r_o = R_C \tag{8-20}$$

若不接旁路电容 C_E，则分压偏置放大电路的微变等效电路如图 8-27 所示。

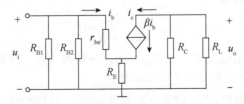

图 8-27 不接旁路电容的微变等效电路

根据图 8-27 所示的微变等效电路可得

$$A_{\mathrm{u}} = \frac{u_{\mathrm{o}}}{u_{\mathrm{i}}} = -\beta \frac{R_{\mathrm{L}}'}{r_{\mathrm{be}} + (1+\beta)R_{\mathrm{E}}} \tag{8-21}$$

$$r_{\mathrm{i}} = R_{\mathrm{B1}} \mathbin{/\mkern-5mu/} R_{\mathrm{B2}} \mathbin{/\mkern-5mu/} [r_{\mathrm{be}} + (1+\beta)R_{\mathrm{E}}] \tag{8-22}$$

$$r_{\mathrm{o}} = R_{\mathrm{C}} \tag{8-23}$$

【例 8-3】　分压偏置放大电路如图 8-24（a）所示，已知晶体管 $\beta = 50$，$U_{\mathrm{CC}} = 12\ \mathrm{V}$，$R_{\mathrm{B1}} = 20\ \mathrm{k}\Omega$，$R_{\mathrm{B2}} = 10\ \mathrm{k}\Omega$，$R_{\mathrm{C}} = 2\ \mathrm{k}\Omega$，$R_{\mathrm{L}} = 4\ \mathrm{k}\Omega$，$R_{\mathrm{E}} = 2\ \mathrm{k}\Omega$，$C_{\mathrm{E}}$ 足够大。求：

（1）静态工作点；

（2）电压放大倍数；

（3）输入电阻和输出电阻。

解：（1）求静态工作点。

$$U_{\mathrm{BQ}} \approx \frac{R_{\mathrm{B2}}}{R_{\mathrm{B1}} + R_{\mathrm{B2}}} U_{\mathrm{CC}} = \frac{10}{10 + 20} \times 12\ \mathrm{V} = 4\ \mathrm{V}$$

$$I_{\mathrm{C}} \approx I_{\mathrm{E}} = \frac{U_{\mathrm{BQ}} - U_{\mathrm{BEQ}}}{R_{\mathrm{E}}} \approx \frac{U_{\mathrm{BQ}}}{R_{\mathrm{E}}} = \frac{4}{2}\ \mathrm{mA} = 2\ \mathrm{mA}$$

$$U_{\mathrm{CE}} \approx U_{\mathrm{CC}} - I_{\mathrm{C}}(R_{\mathrm{C}} + R_{\mathrm{E}}) = [12 - 2 \times (2+2)]\ \mathrm{V} = 4\ \mathrm{V}$$

$$I_{\mathrm{B}} = \frac{I_{\mathrm{C}}}{\beta} = \frac{2}{50}\ \mathrm{mA} = 0.04\ \mathrm{mA}$$

（2）求电压放大倍数。

$$r_{\mathrm{be}} \approx 300(\Omega) + (\beta + 1)\frac{26(\mathrm{mV})}{I_{\mathrm{E}}(\mathrm{mA})} = \left(300 + 51 \times \frac{26}{2}\right)\Omega = 963\ \Omega \approx 0.96\ \mathrm{k}\Omega$$

$$A_{\mathrm{u}} = \frac{u_{\mathrm{o}}}{u_{\mathrm{i}}} = -\beta \frac{(R_{\mathrm{C}} \mathbin{/\mkern-5mu/} R_{\mathrm{L}})}{r_{\mathrm{be}}} = -50 \times \frac{2 \mathbin{/\mkern-5mu/} 4}{0.96} \approx -69$$

（3）求输入电阻和输出电阻。

$$r_{\mathrm{i}} = R_{\mathrm{B1}} \mathbin{/\mkern-5mu/} R_{\mathrm{B2}} \mathbin{/\mkern-5mu/} r_{\mathrm{be}} \approx r_{\mathrm{be}} = 0.96\ \mathrm{k}\Omega$$

$$r_{\mathrm{o}} = R_{\mathrm{C}} = 2\ \mathrm{k}\Omega$$

8.3　共集电极放大电路

8.3.1　电路组成

前面介绍的是共发射极放大电路，本节将介绍共集电极放大电路，其也称为射极输出器。图 8-28 为共集电极放大电路，这种电路的结构特点是发射极电路中接有电阻 R_{E}，而集电极则直接接到电源 U_{CC} 上，输出电压从发射极取出，所以称为射极输出器。对交流信号而言，直流电源 U_{CC} 相当于短路，即集电极接地。放大电路的输入信号从基极与集电极（地）之间接入，而输出信号从发射极与集电极（地）之间取出，可见集电极为输入回路和输出回路的公共端，故这种电路称为共集电极放大电路。

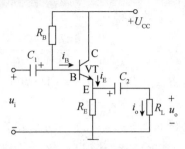

图 8-28　共集电极放大电路

8.3.2　静态分析

根据图 8-29（a）所示的共集电极放大电路的直流通路可求得其静态值。

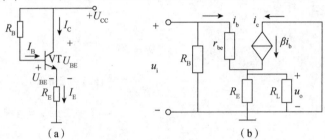

（a）　　　　　　　　　　　　　（b）

图 8-29　共集电极放大电路的直流通路和微变等效电路

（a）直流通路；（b）微变等效电路

由图 8-29 可得

$$U_{CC} = I_B R_B + U_{BEQ} + I_E R_E \tag{8-24}$$
$$= I_B R_B + U_{BEQ} + (\beta + 1) I_B R_E$$

$$I_B = \frac{U_{CC} - U_{BEQ}}{R_B + (\beta + 1) R_E} \approx \frac{U_{CC}}{R_B + (\beta + 1) R_E} \tag{8-25}$$

$$U_{CE} = U_{CC} - I_E R_E \approx U_{CC} - I_C R_E \tag{8-26}$$

8.3.3　动态分析

1. 电压放大倍数

由图 8-29（b）所示的共集电极放大电路的微变等效电路，可得

$$u_i = i_b r_{be} + i_e R_L' = i_b r_{be} + (\beta + 1) i_b R_L' \qquad R_L' = R_E \mathbin{/\mkern-5mu/} R_L$$
$$u_o = i_e R_L' = (\beta + 1) i_b R_L'$$

故得

$$A_u = \frac{u_o}{u_i} = \frac{(\beta + 1) i_b R_L'}{i_b r_{be} + (\beta + 1) i_b R_L'} = \frac{(\beta + 1) R_L'}{r_{be} + (\beta + 1) R_L'} < 1 \tag{8-27}$$

通常 $r_{be} \ll (\beta + 1) R_L'$，则

$$A_u \approx 1 \tag{8-28}$$

可见，电压放大倍数近似为 1，说明共集电极放大电路没有电压放大作用，但 $I_E = (\beta + 1) I_B$，故其仍具有电流放大和功率放大作用。因为输出电压接近输入电压，两者相位又相同，故此电路也称为射极跟随器。

2. 输入电阻

$$r_i' = r_{be} + (\beta + 1)R_L'$$

$$r_i = R_B \mathbin{/\mkern-5mu/} r_i' = R_B \mathbin{/\mkern-5mu/} [r_{be} + (\beta + 1)R_L'] \tag{8-29}$$

式中，通常 R_B 和 $(\beta + 1)R_L'$ 阻值较大，同时也比 r_{be} 大得多，因此，射极输出器的输入电阻高，可达几十千欧到几百千欧。

3. 输出电阻

由微变等效电路计算可得

$$r_o = R_E \mathbin{/\mkern-5mu/} \frac{r_{be}}{\beta + 1} \tag{8-30}$$

通常情况下，有 $R_E \gg \dfrac{r_{be}}{\beta + 1}$，所以

$$r_o \approx \frac{r_{be}}{\beta + 1} \tag{8-31}$$

由式（8-31）可知，射极输出器具有很小的输出电阻，一般为几欧至几百欧。由于 $u_o \approx u_i$，当 u_i 一定时，输出电压 u_o 基本保持不变，这说明射极输出器具有恒压输出的特性。

综上所述，共集电极放大单路具有电压放大倍数略小于 1 但近似为 1，输入电阻高，输出电阻低等特点。通常在多级放大电路中，可以把共集电极放大电路作为输入级，与内阻较大的信号源相匹配，用来获得较多的信号源电压；也可以把共集电极放大电路作为输出级，可使放大电路具有较低的输出电阻和较强的带负载能力；还可以把共集电极放大电路作为中间级，可以隔离前后级之间的影响，并利用输入电阻高和输出电阻低的特点，在电路中起阻抗变换的作用。

课堂习题

一、填空题

1. 晶体管由_____个 PN 结构成，晶体管具有_____和_____作用。

2. 晶体管按其结构分为_____和_____两种类型，每种类型都具有 3 个电极，分别为_____、_____和_____，两个 PN 结分别为_____和_____。

3. 晶体管的 3 种工作状态分别是_____、_____、_____；工作在各种状态下的条件分别是_____、_____、_____。

4. 放大电路的静态是指_____时的工作状态，动态是指_____时的工作状态。

5. 放大电路中的直流通路是指_____，交流通路是指_____。

6. 晶体管的静态工作点 Q 是指在_____电路中形成的_____、_____、_____ 3 个参数。

7. 按晶体管在电路中不同的连接方式，可组成_____、_____和_____ 3 种基本放大电路。

8. 造成静态工作点不稳定的因素很多，如温度变化、U_{CC} 波动、电路参数的变化等，其中以_____影响最大。

9. 当输入信号为 0 时，输出产生缓慢的不规则变化的现象称为_____。

10. 为了有效抑制零点漂移，多级放大电路的第一级多采用_____电路。

二、选择题

1. 晶体管处于截止状态时，集电结和发射结的偏置情况为（　　）。

A. 发射结反偏，集电结正偏　　　　　　B. 发射结、集电结均反偏

C. 发射结、集电结均正偏　　　　　　　D. 发射结正偏，集电结反偏

2. 在放大电路中，若测得某晶体管 3 个极的电位分别是 9 V、2.5 V、3.2 V，则这 3 个极分别为（　　）。

A. 集电极、基极、发射极　　　　　　　B. 集电极、发射极、基极

C. 发射极、集电极、基极

3. 在放大电路中，若测得某晶体管 3 个极的电位分别是-9 V、-6.2 V、-6 V，则-6.2 V 这个电极为（　　）。

A. 集电极　　　　　　B. 基极　　　　　　C. 发射极

4. 对某电路中一个 NPN 型硅管测试，测得 $U_{BE} > 0$，$U_{BC} > 0$，$U_{CE} > 0$，则此管工作在（　　）。

A. 放大区　　　　　　B. 饱和区　　　　　　C. 截止区

5. 对某电路中一个 NPN 型硅管测试，测得 $U_{BE} > 0$，$U_{BC} < 0$，$U_{CE} > 0$，则此管工作在（　　）。

A. 放大区　　　　　　B. 饱和区　　　　　　C. 截止区

6. 晶体管的控制方式为（　　）。

A. 输入电流控制输出电压　　　　　　　B. 输入电流控制输出电流

C. 输入电压控制输出电压

7. 当晶体管 $U_{CE} = 10$ V 不变，基极电流从 0.02 mA 增大到 0.025 mA 时，集电极电流从 2 mA 增大到 2.6 mA，则该管的电流放大系数为（　　）。

A. 120　　　　　　　　B. 100　　　　　　　　C. 104

三、综合题

1. 晶体管放大电路如图 8-30 所示，已知 $U_{CC} = +12$ V，$R_C = 3$ kΩ，$R_B = 300$ kΩ，$\beta = 50$。试求：

（1）放大电路的静态工作点 I_{BQ}、I_{CQ} 和 U_{CEQ}；

（2）接有负载 $R_L = 5$ kΩ 时的电压放大倍数 A_u 及不接负载时的电压放大倍数 A_u'；

（3）放大电路的输入电阻 r_i 和输出电阻 r_o。

2. 晶体管放大电路如图 8-31 所示，已知 $U_{CC} = 12$ V，$U_{BEQ} = 0.7$ V，$R_{B1} = 80$ kΩ，$R_{B2} = 40$ kΩ，$R_E = 3.3$ kΩ，$R_C = 2.7$ kΩ，$R_L = 5.6$ kΩ，$\beta = 50$。

（1）画出该放大电路的直流通路，估算静态值 I_{CQ} 和 U_{CEQ}。

（2）画出该放大电路的交流通路，估算电压放大倍数 A_u、输入电阻 r_i 和输出电阻 r_o。

（3）估算不接负载电阻时的电压放大倍数 A_u'。

3. 晶体管放大电路如图 8-31 所示，已知 $U_{CC} = 10$ V，$R_{B1} = 60$ kΩ，$R_{B2} = 40$ kΩ，$R_E = 4$ kΩ，$R_C = 2.7$ kΩ，$R_L = 5.4$ kΩ，$\beta = 50$，$r_{be} = 1.6$ kΩ，$U_i = 10$ mV。

（1）画出放大电路的直流通路，计算静态工作点。

（2）画出微变等效电路，计算电压放大倍数 A_u、输入电阻 r_i 和输出电阻 r_o。

（3）画出放大电路不接入负载电阻时的微变等效电路，计算电压放大倍数 A_u'。

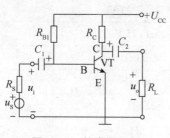

图 8-30　综合题 1 图

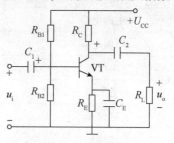

图 8-31　综合题 2、3 图

项目实施

一、原理说明

图 8-32 所示的简易助听器参考电路是一种提高声音强度的装置，它由传声器（话筒）、放大器、受话器（耳机）3 部分组成，其核心部分是多级低频小信号线性放大电路。传声器将外界声音信号转变为电信号，经过放大后由受话器还原为声音。根据所提供的实训器材完成简易助听器电路的安装与调试。

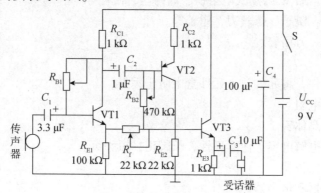

图 8-32　简易助听器电路图

二、实训器材

项目 8 实训器材如表 8-3 所示。

表 8-3　项目 8 实训器材

序号	元器件名称	型号及规格	数量
1	晶体管	9012	1
2	晶体管	9013	2
3	电解电容	100 μF/25 V	1
4	电解电容	10 μF/25 V	1

序号	元器件名称	型号及规格	数量
5	电解电容	3.3 μF/25 V	1
6	电解电容	1 μF/25 V	1
7	电位器	470 kΩ	1
8	电位器	100 kΩ	1
9	电位器	22 kΩ	1
10	电阻	1 kΩ	3
11	电阻	100 Ω	1
12	电阻	22 kΩ	1
13	传声器（话筒）	电容式驻极话筒	1
14	受话器（耳机）	8 Ω/0.5 W	1
15	焊锡	φ1.0 mm	若干
16	导线	单股 φ0.5 mm	若干
17	万用板	100 mm × 50 mm	1

三、安装调试

1. 所需工具

（1）焊接工具：35 W 内热式电烙铁、焊锡丝、松香等。

（2）装配工具：镊子、螺丝刀、钳子等。

（3）调试工具：万用表。

2. 焊接步骤

（1）清点元器件，将元件放入元件盒中防止丢失。

（2）焊接 5 个电阻。

（3）焊接 3 个晶体管。

（4）安装 4 个电解电容，注意极性，长脚正，短脚负。

（5）安装 3 个电位器。

（6）安装受话器和传声器。

项目拓展

简易助听器可以实现声音的扩大，但是音质比较差，主要原因是电路在降噪和失真两个方面没有考虑，大家可以在此基础上进一步进行电路的完善，做出比较完美的助听器。

项目9　音频功放电路的安装与调试

项目引入

音频功放一般特指音响系统中的一种最基本设备，俗称扩音机，它的任务是把来自信号源的微弱电信号放大以驱动扬声器发出声音。本项目制作一个音频功放电路。

知识储备

9.1　集成运算放大器概述

项目8所介绍的晶体管放大电路都是由若干独立元件（晶体管、电阻、电容等）按照一定的原理用导线连接而成的，这种电路称为分立元件电路。本项目要学习的集成电路是相对分立元件电路而言的，它利用集成工艺，把整个电路中的各个元件及相互之间的连接制作在一块半导体芯片上，组成一个不可分割的整体，使之具有特定的功能。

集成放大电路是一种具有高电压放大倍数的直接耦合多级放大电路，最初多用于多种模拟信号的运算（如比例、求和、求差、积分、微分等），故被称为集成运算放大器，简称集成运放。

近年来，集成运放逐渐取代分立元件电路，其体积小，质量轻，功耗低，工作可靠性强，价格也比较便宜，其应用领域和范围在不断地发展扩大。

9.1.1 集成运算放大器的特点

集成运放的特点与其制造工艺是紧密相关的，归纳起来主要有以下几点。

（1）在集成电路制造工艺上对于大电感和大电容的制造还很困难，所以集成运放均采用直接耦合方式，避免了电感、电容元件。在必须使用电感、电容的场合，大多采用外接的方式。

（2）集成运放的输入级均采用差分放大电路，它要求两管的电气特性相同。而集成运放中各个晶体管是通过同一工艺过程制作在同一硅片上的，容易获得特性相近的差分对管，且温度性能基本保持一致，因此，容易制成温漂很小的运算放大器。

（3）硅片上不宜制作高阻值电阻，成本高且占用面积大。比较合适的阻值为 $100\ \Omega \sim 30\ k\Omega$，因此集成运放中常用晶体管（或场效应管）恒流源取代电阻。

（4）集成运放中将晶体管接成二极管使用，即把发射极、基极、集电极三者适当组配。

9.1.2 集成运算放大器的内部电路组成

集成运放的内部电路通常由输入级、中间级、输出级和偏置电路四部分组成，如图 9-1 所示。

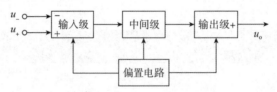

图 9-1　集成运放内部电路组成

1. 输入级

输入级又称前置级，它往往是一个双端输入的高性能差分放大电路，是决定运算放大器性能好坏的关键部分，一般要求输入电阻高，差模放大倍数大，从而有效抑制共模信号，减小零点漂移。

2. 中间级

中间级是整个放大电路的主放大器，主要进行电压放大，一般采用共发射极放大电路，能够提供足够大的电压放大倍数。

3. 输出级

输出级接负载，一般采用互补输出电路。要求其输出电阻低，带负载能力强，输出足够大的电压和电流以满足负载需求。

4. 偏置电路

偏置电路一般由各种恒流源电路组成。其作用是为上述各级电路提供稳定和合适的偏置电流，决定各级的静态工作点。

9.1.3 集成运算放大器的外形及引脚

国产集成运放的封装外形主要有图 9-2（a）所示 3 种：金属封装的圆壳式、陶瓷或塑料封装的双列直插式、陶瓷或塑料封装的扁平式。引脚数有 8、10、12、14、16 等。图 9-2（b）为集成运放 LM741 引脚排列图。从定位标记的左下角起按逆时针方向数引脚，依次为

1、2、…、8。

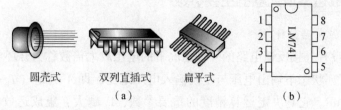

图9-2　集成运放的外形与引脚排列图

（a）实物外形；（b）引脚排列图

图9-3为集成运放的图形符号。它有两个输入端和一个输出端。u_-为反相输入端，由此端输入信号，则输出信号u_o与该端输入信号相位相反；u_+为同相输入端，由此端输入信号，则输出信号u_o与该端输入信号相位相同。框内三角形表示放大器，A_o为集成运放未接反馈电路时的电压放大倍数，称为开环电压放大倍数。在实际工作中，集成运放有两种输入方式。信号可以从这两个输入端中的一端输入，而另一端接地，称为单端输入；也可以从两个输入端同时输入信号，称为双端输入或差动输入，此时输入信号为$u_i = u_- - u_+$，输入端与输出端相位相反。

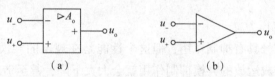

图9-3　集成运放的图形符号

（a）新符号；（b）旧符号

下面以LM741为例，介绍它的各引脚功能和使用方法。

图9-4为LM741的电路符号，其引脚名称如下：2脚为反相输入端；3脚为同相输入端；4脚为负电源端；7脚为正电源端；6脚为输出端；1脚和5脚为外接调零电位器（R_P，通常为10 kΩ），调节R_P可使集成运放在输入电压为零时，输出电压也等于0 V；8脚为空脚。

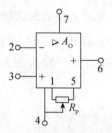

图9-4　LM741的电路符号

9.2　集成运算放大器的参数和特性

集成运放的性能可用一些参数来表示。为了合理选择和使用集成运放，必须了解其各主要参数的意义。

9.2.1 集成运算放大器的主要参数

1. 开环电压放大倍数 A_o

在集成运放没有外接反馈电路的开环情况下的电压放大倍数称为开环电压放大倍数，记作 A_o。它等于开环状态下输出电压与差模输入电压之比，即 $A_o = u_o/(u_+ - u_-)$，或用分贝表示为 $20\lg|A_o|$ dB。它是决定运算精度的重要参数，A_o 越大，集成运放的运算精度越高，所构成的运算电路越稳定。目前，集成运放的 A_o 可高达 10^8（160 dB）。

2. 差模输入电阻 r_{id}

集成运放开环时从两个输入端看进去的动态电阻，称为差模输入电阻，用 r_{id} 表示。其值越大，表明集成运放从输入信号源所吸取的电流越小，运算精度越高，性能越好。r_{id} 取值一般在兆欧数量级。

3. 开环输出电阻 r_o

集成运放开环时，输出电压与短路输出电流之比称为开环输出电阻，用 r_o 表示。其大小反映集成运放的带负载能力，r_o 越小，集成运放的带负载能力越强。r_o 取值一般为几十欧到几百欧。

4. 最大共模输入电压 U_{ICM}

集成运放对共模信号具有抑制作用，但这个性能是在规定的共模电压范围内才具备的，如果超出这个电压，集成运放的共模抑制作用就会大大下降，甚至造成器件的损坏。一般高质量集成运放的最大共模输入电压可达 ±13 V。

5. 最大差模输入电压 U_{IDM}

最大差模输入电压是指集成运放的反相输入端和同相输入端所能承受的最大电压值。超过这个电压，集成运放输入级的晶体管将出现发射结反向击穿，而使集成运放性能显著恶化，甚至造成器件损坏。利用平面工艺制成的 NPN 型管的最大差模输入电压约为 ±5 V，而横向晶体管可达 ±30 V。

6. 最大输出电压 U_{OM}

能使输出电压和输入电压保持不失真关系的最大输出电压值称为最大输出电压，用 U_{OM} 表示。其值约为正电源电压 U_{CC} 或负电源电压 $-U_{EE}$ 的 70%。

除了上述参数外，还有输入失调电压、输入失调电流、输入偏置电流、静态功耗等参数。

9.2.2 电压传输特性

集成运放的输出电压 u_o 与输入电压 $u_i(u_i = u_+ - u_-)$ 之间的关系曲线称为电压传输特性，如图 9-5 所示。

由图可见，集成运放有一个线性放大区（A、B 两点之间）和两个饱和区（非线性区）。当集成运放工作在非线性区时，集成运放处于饱和工作状态，其输出为最大输出电压 $\pm U_{OM}$。当 $u_+ > u_-$ 时，输出电压 $u_o = +U_{OM}$，并保持不变，这称为正饱和区；当 $u_+ < u_-$ 时，输出电压 $u_o = -U_{OM}$，并保持不变，这称为负饱和区。

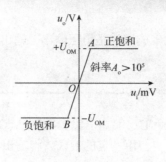

图9-5　集成运放的电压传输特性

当集成运放工作在线性区时，曲线的斜率为电压放大倍数 A_o，输出电压 u_o 与输入电压 u_i 的函数关系是线性的，可表示为

$$u_o = A_o u_i = A_o(u_+ - u_-)$$

通常 A_o 非常高，因此集成运放电压传输特性中的线性区非常窄。如果输出电压的最大值 $\pm U_{OM} = \pm 15\ \text{V}$，$A_o = 2 \times 10^5$，那么只有当 $|u_+ - u_-| < 65\ \mu\text{V}$ 时，电路才工作在线性区。换言之，若 $|u_+ - u_-| > 65\ \mu\text{V}$，则集成运放进入非线性区，因而输出电压 u_o 不是+15 V，就是-15 V。

对于一个具体的集成运放电路，其工作在线性区还是饱和区，主要取决于集成运放外接反馈的性质（见下节）。一般来说，只有在深度负反馈作用下才能使集成运放工作在线性区。

9.2.3　集成运放的理想化特性

在分析和应用集成运放时，为了简化分析，通常把集成运放看成理想器件。理想化条件如下：

（1）开环电压放大倍数 $A_o \approx \infty$；
（2）差模输入电阻 $r_{id} \approx \infty$；
（3）开环输出电阻 $r_o \approx 0$；
（4）共模抑制比 $K_{CMR} \approx \infty$。

实际集成运放虽然与上述指标存在差距，但也近似接近理想化条件，因此在分析时用理想运放代替实际运放所引起的误差并不严重，工程上是允许的。

当理想集成运放工作在线性区时，由 $u_o = A_o u_i = A_o(u_+ - u_-)$ 可知输出电压为有限值，且 $A_o \approx \infty$，必有

$$u_i = u_+ - u_- \approx 0$$

故

$$u_+ \approx u_- \tag{9-1}$$

即两个输入端的对地电压基本相等，或称两个输入端的电位基本相等，像短路一样，但实际不是短路，称为"**虚短**"。

同样，由于 $r_{id} \approx \infty$，理想集成运放的两个输入端均不流入电流，即

$$i_+ = i_- \approx 0 \tag{9-2}$$

这就是说集成运放的输入电流可忽略不计，两个输入点像断路一样，但实际不是断路，

称为"虚断"。

理想化条件 $r_o \approx 0$ 说明理想集成运放是恒压输出，输出电压不受负载变化的影响。

9.3　放大电路中的反馈

集成运放有两个输入端，一个输出端。若输出端和输入端之间不外接电路，即两者之间在外部是断开的，称为开环状态；若用一定的形式，将输出电量的全部或一部分返送回输入回路，称为闭环状态，也称为反馈状态。

在实际应用放大电路中，几乎都要引入反馈，以改善放大电路某方面的性能。因此，掌握反馈的基本概念及判断方法是研究放大电路的基础。

9.3.1　反馈的基本概念

反馈就是将放大电路的输出信号（电压或电流）的一部分或全部通过一定形式的电路送回到输入端，和输入信号共同作用于放大电路，控制其输出。图 9-6 为反馈放大电路的一般框图。

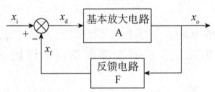

图 9-6　反馈放大电路的一般框图

图中，用 x 表示信号，它既可以表示电压，也可以表示电流。信号传递的方向如图中箭头所示，x_i、x_o、x_f 分别为输入、输出、反馈信号，x_d 为输入信号 x_i 和反馈信号 x_f 比较后的放大器的净输入信号，即 $x_d = x_i - x_f$。

如果 x_i 与 x_f 相位相同，则 $x_d = x_i - x_f < x_i$，反馈信号使净输入信号削弱，称为负反馈；如果 x_i 与 x_f 相位相反，则 $x_d = x_i - x_f > x_i$，反馈信号使净输入信号加强，称为正反馈。

对单级运算放大器而言，凡是反馈电路从输出端引回到反相输入端的为负反馈，反馈电路从输出端引回到同相输入端的则为正反馈。

9.3.2　反馈的分类

1. 电压反馈与电流反馈

根据反馈电路从放大电路输出端取样对象的不同，反馈可分为电压反馈和电流反馈两种。反馈信号取自输出电压，称为电压反馈，如图 9-7 所示；反馈信号取自输出电流，称为电流反馈，如图 9-8 所示。

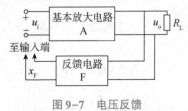

图 9-7　电压反馈

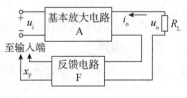

图 9-8　电流反馈

2. 串联反馈与并联反馈

根据反馈信号与放大电路输入信号连接方式的不同，反馈可分为串联反馈和并联反馈。反馈信号与输入信号串联为串联反馈，反馈信号为电压形式，如图9-9所示；反馈信号与输入信号并联为并联反馈，反馈信号为电流形式，如图9-10所示。

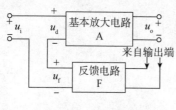

图9-9　串联反馈

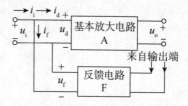

图9-10　并联反馈

综上所述，反馈的基本类型有4种，即电压串联反馈、电压并联反馈、电流串联反馈、电流并联反馈。

放大电路引入交流负反馈后，削弱了输入信号，降低了放大倍数，但提高了放大电路的稳定性，减小了非线性失真，扩展了电路通频带，减小了内部噪声干扰，也改变了放大器的输入、输出电阻等。

另外，在放大电路中引入直流负反馈可以稳定其静态工作点。

9.3.3　负反馈特性及引入的一般原则

负反馈特性及引入的一般原则如下。

（1）要稳定静态工作点，应引入直流负反馈。

（2）要改善交流性能（如提高放大电路放大倍数的稳定性，减小非线性失真，扩展电路通频带等），应引入交流负反馈。

（3）要稳定输出电压、减小输出电阻，应引入电压负反馈；要稳定输出电流、增大输出电阻，应引入电流负反馈。

（4）要提高输入电阻，应引入串联负反馈；要减小输入电阻，应引入并联负反馈。

根据以上原则，针对具体情况综合分析，便可确定引入负反馈的具体类型。

9.4　基本运算电路

集成运放的应用首先表现在它能构成各种运算电路上。用集成运放实现的基本运算有比例运算、加法运算、减法运算、积分运算和微分运算等。在进行运算时，输出量一定要反映输入量的某种运算结果，即输出电压将在一定范围内变化，所以集成运放必须工作在线性区。

9.4.1　比例运算电路

1. 反相输入

输入信号从反相输入端引入的运算称为反相运算。

图9-11为反相比例运算电路。输入信号 u_i 经电阻 R_1 加到反相输入端，而同相输入端经电阻 R_2 接地。反馈电阻 R_f 接在输出端和反相输入端之间。

根据运算放大器工作在线性区时的"虚短""虚断"可知

$$u_- \approx u_+ = 0, \ i_i \approx i_f$$

由图 9-11 可列出

$$i_i = \frac{u_i - u_-}{R_1} = \frac{u_i}{R_1}$$

$$i_f = \frac{u_- - u_o}{R_f} = -\frac{u_o}{R_f}$$

由此可得

$$u_o = -\frac{R_f}{R_1} u_i \tag{9-3}$$

闭环电压放大倍数为

$$A_{uf} = \frac{u_o}{u_i} = -\frac{R_f}{R_1} \tag{9-4}$$

上式表明，输出电压与输入电压是比例运算关系，比例系数由电阻 R_f 与 R_1 的比值确定，与运算放大器本身参数无关，这就保证了比例运算的精度和稳定性。只需改变 R_f 与 R_1 的阻值，即可获得不同比例，实现比例运算。式中的负号表示 u_o 与 u_i 反相。

图 9-11 中，R_2 为平衡电阻，$R_2 = R_1 /\!/ R_f$，其作用是消除静态基极电流对输出电压的影响。

若取 $R_1 = R_f$，则由式（9-4）可得

$$A_{uf} = -\frac{R_f}{R_1} = -1 \tag{9-5}$$

这就是反相器。

2. 同相输入

输入信号从同相输入端引入的运算称为同相运算。

图 9-12 为同相比例运算电路，根据理想运算放大器工作在线性区时的分析依据

$$u_- \approx u_+ = u_i, \ i_i \approx i_f$$

由图 9-12 可列出

$$i_i = \frac{u_-}{R_1} = \frac{u_i}{R_1}$$

$$i_f = \frac{u_o - u_-}{R_f} = \frac{u_o - u_i}{R_f}$$

由此可得

$$u_o = \left(1 + \frac{R_f}{R_1}\right) u_i \tag{9-6}$$

闭环电压放大倍数为

$$A_{uf} = \frac{u_o}{u_i} = 1 + \frac{R_f}{R_1} \tag{9-7}$$

可见，输出电压与输入电压是比例运算关系，且与运算放大器本身参数无关。为正值表示 u_o 与 u_i 同相，且 A_{uf} 总是大于 1 或等于 1，不会小于 1。

当 $R_1 = \infty$（断开）或 $R_f = 0$ 时，则

$$A_{uf} = \frac{u_o}{u_i} = 1 \qquad\qquad (9-8)$$

这就是电压跟随器。

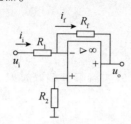

图 9-11　反相比例运算电路

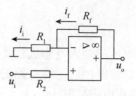

图 9-12　同相比例运算电路

【例 9-1】在图 9-13 所示的两级运算电路中，$R_1 = 50\ \text{k}\Omega$，$R_f = 100\ \text{k}\Omega$。如输入电压 $u_i = 1\text{V}$，试求输出电压 u_o。

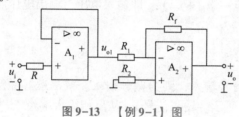

图 9-13　【例 9-1】图

解：输入级 A_1 为电压跟随器，它的输出电压 $u_{o1} = u_i = 1\text{V}$，作为输出级 A_2 的输入。A_2 是反相比例运算电路，因此可得

$$u_o = -\frac{R_f}{R_1}u_{o1} = -\frac{100}{50} \times 1\ \text{V} = -2\ \text{V}$$

9.4.2　加法运算电路

如果在反相输入端增加若干输入电路，则构成反相加法运算电路，如图 9-14 所示。输入信号 u_{i1}、u_{i2} 分别经 R_1、R_2 加入反相输入端，同相输入端经 R_3 接地，R_f 接在运放的反相输入端与输出端之间。

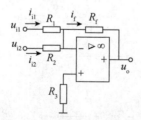

图 9-14　反相加法运算电路

由图 9-14 可列出

$$i_{i1} = \frac{u_{i1}}{R_1}$$

$$i_{i2} = \frac{u_{i2}}{R_2}$$

$$i_f = -\frac{u_o}{R_f}$$

$$i_f = i_{i1} + i_{i2}$$

由上面各式可得

$$u_o = -\left(\frac{R_f}{R_1}u_{i1} + \frac{R_f}{R_2}u_{i2}\right) \tag{9-9}$$

可见，输出电压与输入电压成加法关系，且与运算放大器本身参数无关，只要电阻阻值足够精确，就可以保证加法运算电路的精度和稳定性。

图中 R_3 为平衡电阻，其大小为

$$R_3 = R_1 \; // \; R_2 \; // \; R_f$$

当 $R_1 = R_2$ 时，$u_o = -\dfrac{R_f}{R_1}(u_{i1} + u_{i2})$，称为反相加法比例运算。

当 $R_1 = R_2 = R_f$ 时，$u_o = -(u_{i1} + u_{i2})$，即输入电压与输出电压满足加法关系，相位相反，称为加法器。

9.4.3 减法运算电路

如果两个输入端都有信号输入，则为差分输入。减法运算在测量和控制系统中应用很多，其运算电路如图 9-15 所示。输入信号 u_{i1} 从反相输入端经 R_1 加入，u_{i2} 从同相输入端经 R_2 加入且同相输入端经 R_3 接地，R_f 接在运放的反相输入端与输出端之间。

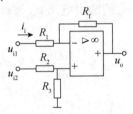

图 9-15　减法运算电路

由图 9-15 可列出

$$u_- \approx u_+ = \frac{R_3}{R_2 + R_3}u_{i2}$$

$$\frac{u_{i1} - u_-}{R_1} = \frac{u_- - u_o}{R_f}$$

故得

$$u_o = -\frac{R_f}{R_1}u_{i1} + \frac{R_3}{R_2 + R_3}\left(1 + \frac{R_f}{R_1}\right)u_{i2} \tag{9-10}$$

当 $R_1 = R_2$ 和 $R_f = R_3$ 时，得

$$u_o = \frac{R_f}{R_1}(u_{i2} - u_{i1}) \tag{9-11}$$

当 $R_1 = R_2 = R_f = R_3$ 时，得

$$u_o = u_{i2} - u_{i1} \tag{9-12}$$

可见，输出电压与两个输入电压的差值成正比，所以可以进行减法运算。

【例9-2】图9-16为两级运算电路，试求输出电压 u_o。

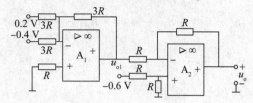

图9-16　【例9-2】图

解：前级 A_1 是加法运算电路，由式（9-9）可得

$$u_{o1} = -(0.2 - 0.4)V = 0.2\ V$$

后级 A_2 是减法运算电路，由式（9-12）可得

$$u_o = (-0.6 - 0.2)V = -0.8\ V$$

▶▶ 9.4.4　积分运算电路

与反相比例运算电路相比，用电容 C_f 代替 R_f 作为反馈元件，就成为积分运算电路，如图9-17所示。

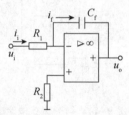

图9-17　积分运算电路

由于反相输入，$u_- \approx u_+ = 0$，故

$$i_i = i_f = \frac{u_i}{R_1}$$

$$u_o = -u_C = -\frac{1}{C_f}\int i_f dt = -\frac{1}{R_1 C_f}\int u_i dt \tag{9-13}$$

可见，该电路输出电压与输入电压的积分成比例，式中负号表示两者反相，其中 $R_1 C_f$ 称为积分时间常数。当输入电压 u_i 为大小恒定的直流电压 U_i 时，有

$$u_o = -\frac{U_i t}{R_1 C_f} \tag{9-14}$$

u_o 与时间 t 具有线性关系。

【例9-3】试求图9-18所示电路 u_o 与 u_i 的关系式。

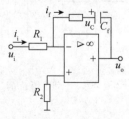

图9-18　【例9-3】图

解：由图 9-18 可列出

$$u_o - u_- = -R_f i_f - u_C = -R_f i_f - \frac{1}{C_f}\int i_f \mathrm{d}t$$

$$i_i = \frac{u_i - u_-}{R_1}$$

$u_- \approx u_+ = 0$，$i_f \approx i_i$，故得

$$u_o = -\left(\frac{R_f}{R_1}u_i + \frac{1}{R_1 C_f}\int u_i \mathrm{d}t\right)$$

可见，此电路是反相比例运算和积分运算两者组合起来的，所以称为比例-积分控制器（PI 控制器），其在自动控制系统应用很多。

9.4.5 微分运算电路

微分运算是积分运算的逆过程，只需将反相输入端的电阻和反馈电容调换位置，就成为微分运算电路，如图 9-19 所示。

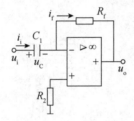

图 9-19 微分运算电路

由图 9-19 可列出

$$i_i = C_1 \frac{\mathrm{d}u_C}{\mathrm{d}t} = C_1 \frac{\mathrm{d}u_i}{\mathrm{d}t}$$

$$u_o = -R_f i_f = -R_f i_i$$

故

$$u_o = -R_f C_1 \frac{\mathrm{d}u_i}{\mathrm{d}t} \tag{9-15}$$

可见，输出电压与输入电压对时间的一次微分成正比，式中 $R_f C_1$ 称为微分时间常数。

【例 9-4】试求图 9-20 所示电路 u_o 与 u_i 的关系式。

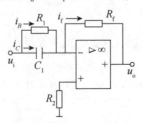

图 9-20 【例 9-4】图

解：由图可得

$$u_o = -R_f i_f$$

$$i_{\mathrm{f}} = i_R + i_C = \frac{u_{\mathrm{i}}}{R_1} + C_1 \frac{\mathrm{d}u_{\mathrm{i}}}{\mathrm{d}t}$$

故得

$$u_{\mathrm{o}} = -\left(\frac{R_{\mathrm{f}}}{R_1} u_{\mathrm{i}} + R_{\mathrm{f}} C_1 \frac{\mathrm{d}u_{\mathrm{i}}}{\mathrm{d}t}\right)$$

可见，此电路为反相比例运算和微分运算两者组合起来的，所以称为比例-微分控制器（PD 控制器），其多用于自动控制系统中。

课堂习题

一、填空题

1. 集成运算放大器内部电路通常由_____、_____、_____和_____组成。

2. 理想运算放大器的两个分析依据是_____和_____。

3. 理想运算放大器的 3 个主要特征是_____、_____和_____。

4. _____运算电路可实现 $A_{\mathrm{u}} > 1$ 的放大；_____运算电路可实现 $A_{\mathrm{u}} < 0$ 的放大。

5. 反相比例运算电路中，若反馈电阻 R_{f} 与电阻 R_1 相等，则 u_{o} 与 u_{i} 大小_____，相位_____，电路称为_____。

6. 同相比例运算电路中，若反馈电阻 R_{f} 等于 0，则 u_{o} 与 u_{i} 大小_____，相位_____，电路称为_____。

7. 要使理想集成运放工作在线性区，应当为其引入_____反馈。

8. 图 9-21 所示电路中的电压 $u_{\mathrm{o1}} =$ _____ V，$u_{\mathrm{o}} =$ _____ V。

9. 在图 9-22 所示电路中，已知 $u_{\mathrm{i}} = -1$ V，$R_{\mathrm{f}} = 20$ kΩ，$R_1 = 2$ kΩ，则 $u_{\mathrm{o}} =$ _____ V。

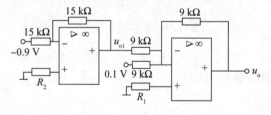

图 9-21　填空题 8 图

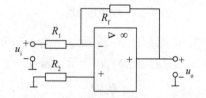

图 9-22　填空题 9 图

二、综合题

1. 如图 9-23 所示，$R_1 = R_2 = 4$ kΩ，$R_3 = R_5 = 2$ kΩ，$R_4 = 1$kΩ。

（1）求电压放大倍数 A_{f}；

（2）当输入电压为 0.5 V 时，求输出电压 u_{o}。

2. 求解图 9-24 所示电路中的输出电压 u_{o}。

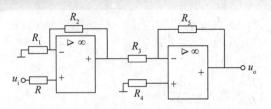

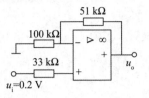

图 9-23　综合题 1 图　　　　　　　　图 9-24　综合题 2 图

3. 求解图 9-25 所示电路中的输出电压 u_o。

4. 放大电路如图 9-26 所示，求闭环电压放大倍数 A_f。

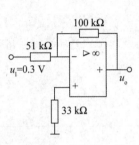

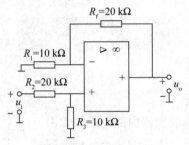

图 9-25　综合题 3 图　　　　　　　　图 9-26　综合题 4 图

5. 放大电路如图 9-27 所示，计算闭环电压放大倍数 A_f。若 $u_i = 2$ V，u_o 为多少?

6. 电路如图 9-28 所示，已知 $R_f = 4R_1$，$R_1 = R_2$，$R_f = R_3$，求 u_o 与 u_{i1} 和 u_{i2} 的关系式。

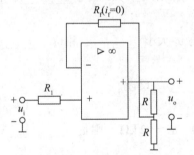

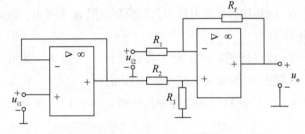

图 9-27　综合题 5 图　　　　　　　　图 9-28　综合题 6 图

7. 电路如图 9-29 所示，当 $u_{i1} = 1$ V，$u_{i2} = 2$ V，$u_{i3} = 3$ V 时，试求输出电压 u_o。

8. 电路如图 9-30 所示，若 $u_i = 1$ V，试求输出电压 u_o。

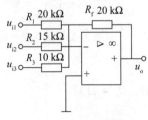

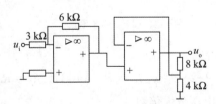

图 9-29　综合题 7 图　　　　　　　　图 9-30　综合题 8 图

项目实施

一、原理说明

图9-31为LM386的典型应用电路，用于对音频信号的放大。图中，R_1、C_1用来调节电压放大倍数；C_2是去耦电容，可防止电路产生自激；R_2、C_4组成容性负载，用以抵消扬声器部分的感性负载，可以防止在信号突变时，扬声器感应出较高的瞬时电压而导致元器件的损坏，且可改善音质；C_3为功率放大器的输出电容，使集成电路构成OTL功率放大电路，这样整个电路使用单电源，降低了对电源的要求。

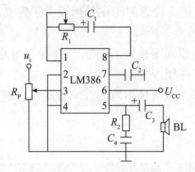

图9-31　音频功放电路

项目要求如下。

（1）熟悉音频功放电路的工作原理。

（2）熟悉集成运放LM386的特点及用途。

（3）熟悉集成运放LM386的引脚排列。

（4）掌握用万用表测试、判断运算放大器和厚膜功放好坏的基本方法。

（5）会安装和调试音频功放电路。

二、实训器材

项目9实训器材如表9-1所示。

表9-1　项目9实训器材

序号	元器件名称	型号及规格	数量
1	集成功放	LM386	1
2	电容器 C_1	10 μF	1
3	电容器 C_2	2.1 pF	1
4	电容器 C_3	220 μF	1
5	电容器 C_4	0.047 μF	1
6	电位器 R_1	5.1 kΩ	1
7	电位器 R_P	10 Ω	1

序号	元器件名称	型号及规格	数量
8	电阻 R_2	8 Ω	1
9	扬声器 BL	6 V/2 A	1
10	直流稳压电源	1 kΩ	1
11	导线	单股 ϕ0.5 mm	若干
12	万用板	/	1

三、安装调试

（1）观察 LM386 和电阻、电容的外部形状，区分引脚。

（2）用万用表检测元器件质量的好坏，并进行筛选。

（3）按照图 9-31 所示音频功放原理图在万用板上正确安装连接。

（4）调试电路。

①通电前检查，对照电路原理图检查 LM386 的连接及电路的连线是否正确。

②接通电源，观察电路工作情况。

③在输入端加入音频信号，试听扬声器的音响效果，能利用万用表排除调试中出现的简单问题。

项目拓展

若用两个集成运放接成差分形式，进行音频放大，电路该如何改进？

项目 10　三人表决器电路的设计与制作

21 世纪是信息时代，作为其发展基础之一的电子技术必将以更快的速度前进。电子技术在不断改造我们的生活，电子计算机、智能手机、数字电视等多种多样的电子产品已经深入人们的生活、生产中，使人们生活更加丰富多彩，使工业生产更加安全高效，这一切都离不开数字电路的功劳。

我们经常在电视上看到一些选秀节目，评委通过手中的表决器决定选手是否晋级，如果让你帮助节目组设计一个三位评委用的表决器，你要如何设计呢？本项目将介绍三人表决器电路的设计与制作。

知识储备

10.1　数制

10.1.1　数字电路概述

按照变化规律的特点，我们可以将自然界中的物理量分为两类：模拟量和数字量。

表示模拟量的信号称为模拟信号，其在数值和时间上都是连续变化的，如图 10-1（a）所示。用来处理模拟信号的电路称为模拟电路。

表示数字量的信号称为数字信号，其在数值和时间上均是离散（也就是不连续）的，如图 10-1（b）所示。用来处理数字信号的电路称为数字电路。

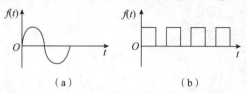

图 10-1　模拟信号与数字信号

（a）模拟信号；（b）数字信号

数字电路中信号表现为高、低两种电平，称为逻辑电平，这与逻辑状态相对应，而高、低电平的具体数值，则由数字电路的类型决定。这样，就将高、低电平问题转化为逻辑问题，故数字电路又称逻辑电路。通常用符号 0（称作逻辑 0）和 1（称作逻辑 1）来表示两种对立的逻辑状态，如表 10-1 所示。

表 10-1　两种对立的逻辑状态表

逻辑值	逻辑 1	逻辑 0
逻辑状态	是	否
	通	断
	高	低
	有	无
	亮	灭
	上	下

需要说明的是，究竟用逻辑符号 0 还是 1 来表示高电平可以人为决定，于是出现了两种逻辑体制，即正逻辑（1 表示高电平，0 表示低电平）和负逻辑（1 表示低电平，0 表示高电平）。本书未作特殊说明时均采用正逻辑。

相较于模拟电路，数字电路具有以下特点。

（1）集成度高。数字电路的基本单元结构简单，便于将数目庞大的基本单元集成在一块硅片上，集成度高。

（2）工作可靠性好，精度高，抗干扰能力强。数字电路采用的是二进制代码，工作时只需判断电平的高低或信号的有无，电路实现简单，可靠性好，精度高；同时，数字信号比较强，抗干扰技术比较容易实现。

（3）存储方便，保密性好。数字存储器件和设备种类较多，存储容量大，性能稳定；同时，数字信号的加密处理方便可靠，不易丢失和被窃。

（4）数字电路产品系列多，品种齐全，通用性和兼容性好，使用方便。数字电路在电子计算机、电机、通信、自动控制、雷达、家用电器及汽车电子等领域都有广泛的应用。

10.1.2　常用数制介绍

数制即计数的方法，是人们对数量计算的一种统计规律。在日常生活中，人们习惯使用十进制数，而在数字电路系统中通常采用二进制数。

1. 常用数制

1）十进制

十进制是人们常采用的数制，它采用0、1、2、3、4、5、6、7、8、9十个基本数码，任何一个十进制数都可以用上述十个数码按一定规律排列起来表示。

十进制数的特点如下。

（1）基数是10。基数即数制中所用到的数码的个数。十进制数中的每一位必定是0～9中的一个。

（2）计数规律是"逢十进一"。计满10就向高位进1，如9 + 1 = 10，12 + 8 = 20。

（3）权值。权值即十进制数中不同位置上的数的单位数值。例如，25.16，从小数点开始，左起第一位（个位）的权为 10^0，第二位（十位）的权为 10^1，右起第一位（十分位）的权为 10^{-1}，第二位（百分位）的权为 10^{-2}。可见，各位数的权为10的幂，2、5、1、6 称为系数。故 25.16 可按权展开成多项式形式：

$$25.16 = 2 \times 10^1 + 5 \times 10^0 + 1 \times 10^{-1} + 6 \times 10^{-2}$$

又如，$(169)_{10} = (169)_D = 1 \times 10^2 + 6 \times 10^1 + 9 \times 10^0$。

2）二进制

二进制是数字电路中常用的数制，它采用0、1 两个基本数码，因此它的每一位数都可以用任何具有两个不同稳定状态的元器件来表示，如灯的亮与灭、晶体管的导通与截止、开关的接通与断开。只要规定其中一种状态为1，则另一种状态就为0，这样就可以用来表示二进制数。由此可见，二进制的数制装置简单可靠，所用元器件少，而且二进制的基本运算规则简单，运算操作简便，这些特点使得二进制数在数字电路中得到了广泛的应用。

二进制数的特点如下。

（1）基数是2，采用0 和1 两个数码。

（2）计数规律是"逢二进一"，即 1 + 1 = 10（读作"壹零"）。

（3）权值。二进制数各位的权为2 的幂。例如，4 位二进制数1101，可以表示为

$$(1101)_2 = 1 \times 2^3 + 1 \times 2^2 + 0 \times 2^1 + 1 \times 2^0$$

二进制按权展开的一般形式可以表示为

$$(N)_2 = (b_{n-1} b_{n-2} b_{n-3} \cdots b_1 b_0)_2$$
$$= (b_{n-1} \times 2^{n-1} + b_{n-2} \times 2^{n-2} + b_{n-3} \times 2^{n-3} + \cdots + b_1 \times 2^1 + b_0 \times 2^0)_{10}$$

3）八进制

八进制数的特点如下。

（1）基数是8。采用8 个数码：0、1、2、3、4、5、6、7。

（2）计数规律是"逢八进一"。

（3）权值。八进制数各位的权为8 的幂。例如，$(168)_8 = 1 \times 8^2 + 6 \times 8^1 + 8 \times 8^0$。

4）十六进制

十六进制数的特点如下。

（1）基数是16。采用16 个数码：0、1、2、3、4、5、6、7、8、9、A、B、C、D、E、F，其中10～15 分别用 A～F 表示。

（2）计数规律是"逢十六进一"。

（3）权值。十六进制各位的权是16 的幂。例如，$(9C)_{16} = (9C)_H = 9 \times 16^1 + 12 \times 16^0$。

2. 各数制的用途

（1）二进制。二进制在计算机中用于数据的存储和运算。由于计算机只能识别高、低电平两种状态，因此输入计算机的数据都会被转换成二进制。

（2）八进制。八进制在计算机中弥补二进制数书写位数过长的不足。

（3）十进制。十进制在计算机中作为数据的输入和输出。

（4）十六进制。十六进制在计算机中弥补二进制书写过长的不足，由于4位二进制数可以方便地用一位十六进制数表示，因此人们对二进制的代码或数据常用十六进制形式缩写。

3. 不同进制数之间的相互转换

1）二进制、八进制、十六进制数转换为十进制数

只要将二进制、八进制、十六进制数按权展开，求出其各位加权系数之和，则得到相应的十进制数。

【例10-1】将二进制数 $(1011.01)_2$、八进制数 $(526.1)_8$ 和十六进制数 $(8FB.8)_{16}$ 分别转换成十进制数。

解：

$$(1011.01)_2 = 1 \times 2^3 + 0 \times 2^2 + 1 \times 2^1 + 1 \times 2^0 + 0 \times 2^{-1} + 1 \times 2^{-2} = (11.25)_{10}$$
$$(526.1)_8 = 5 \times 8^2 + 2 \times 8^1 + 6 \times 8^0 + 1 \times 8^{-1} = (342.125)_{10}$$
$$(8FB.8)_{16} = 8 \times 16^2 + 15 \times 16^1 + 11 \times 16^0 + 8 \times 16^{-1} = (2299.5)_{10}$$

2）十进制数转换为二进制、八进制、十六进制数

将十进制正整数转换为二进制、八进制、十六进制数可以采取除R倒取余法，R代表所要转换成的数制的基数，二进制数R为2，八进制数R为8，十六进制数R为16，转换步骤如下：

（1）把给定的十进制数 $[N]_{10}$ 除以R，取出余数，即为最低位数的数码 K_0；

（2）将前一步得到的商再除以R，再取出余数，即为次低位数的数码 K_1；

（3）以下各步类推，直到商为0为止，最后得到的余数即为最高位数的数码 K_{n-1}。

【例10-2】将 $(76)_{10}$ 转换成二进制数。

解：

则 $(76)_{10} = (1001100)_2$

【例10-3】将 $(76)_{10}$ 转换成八进制数。

解：

则 $(76)_{10} = (114)_8$

【10-4】将 $(76)_{10}$ 转换成十六进制数。

解：

$$
\begin{array}{r|l}
16 & 76 \\
\hline
16 & 4 \\
\hline
& 0
\end{array}
\quad
\begin{array}{l}
余数 \\
\cdots\cdots \quad 12 \\
\cdots\cdots \quad 4
\end{array}
$$

则 $(76)_{10} = (4C)_{16}$

3）二进制数与八进制数之间的转换

二进制数转换成八进制数采用"三位一并"法：以小数点为基点，向左右两边三位一组转为八进制数，不足三位用 0 补齐。八进制数转换为二进制数采用"一分为三"法，将每位八进制数用 3 位二进制数表示。

【例10-5】将二进制数 $(10111011.11)_2$ 转换成八进制数。

解：二进制数　010　111　011.110

　　八进制数　 2　 7　 3. 6

则 $(10111011.11)_2 = (273.6)_8$。

【例10-6】将八进制数 $(675.4)_8$ 转换成二进制数。

解：八进制数　6　 7　 5.4

　　二进制数　110　111　101.100

则 $(675.4)_8 = (110111101.1)_2$。

4）二进制数与十六进制数的相互转换

二进制数转换成十六进制数采用"四位一并"法：以小数点为基点，向左右两边四位一组转为十六进制数，不足四位用 0 补齐。十六进制数转换成二进制数采用"一分为四"法，将十六进制数的每一位转换为相应的 4 位二进制数即可。

【例10-7】将二进制数 $(1011011.110)_2$ 转换为十六进制数。

解：二进制数　　　0101　　1011　. 1100

　　十六进制数　　 5　　　B　 . C

则 $(1011011.110)_2 = (5B.C)_{16}$。

【例10-8】将 $(21A)_{16}$ 转换为二进制数。

解：十六进制数　　2　　 1　　 A

　　二进制数　　0010　0001　1010

则 $(21A)_{16} = (1000011010)_2$（最高位为 0 可舍去）。

10.2　门电路

门电路是实现各种逻辑关系的基本电路，是组成数字电路的基本部件。由于它既能完成一定的逻辑运算功能，又能像"门"一样控制信号的通断，门打开时，信号可以通过；门关闭时，信号不能通过，因此称为门电路或者逻辑门。

常用的逻辑关系有 3 种，即"与"逻辑、"或"逻辑和"非"逻辑，在数字电路中实现这3种逻辑关系的基本门电路是"与"门、"或"门和"非"门。由这3种基本逻辑门电路可以组合成其他复合逻辑门电路。

10.2.1　基本逻辑门

1. 与门

1）与逻辑及与门电路

只有当决定某一事件的全部条件具备之后，该事件才发生，否则就不发生，这种因果关系称为与逻辑关系，简称与逻辑。例如，图10-2（a）所示电路中，只有当开关A与B全部闭合时，灯泡Y才亮；若开关A或B中有一个不闭合，灯泡Y就不亮。

在数字电路中，这种逻辑关系表示为$Y = A \cdot B$或$Y = AB$，读作"A与B"。

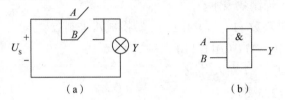

图10-2　与逻辑运算关系

（a）与逻辑举例；（b）逻辑符号

与门电路指能够实现与逻辑关系运算的电路，其逻辑符号如图10-2（b）所示。一个与门有两个或两个以上的输入端，只有一个输出端，输入、输出之间的逻辑函数，即逻辑表达式为

$$Y = A \cdot B \qquad\qquad (10-1)$$

2）二极管与门电路

使用二极管实现与逻辑关系的电路称为二极管与门电路，简称二极管与门，如图10-3所示。与门电路可以具有多个输入（图中是两个，即A和B），但只有一个输出。设输入信号低电平为0 V，高电平为3 V，两个输入端信号状态可以有4种不同组合。

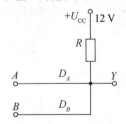

图10-3　二极管与门电路

分析其输入和输出间的逻辑关系如下。

（1）当$V_A = V_B = 0$ V时，D_A、D_B均导通，$V_Y = 0.7$ V。

（2）当$V_A = 0$ V，$V_B = 3$ V时，D_A迅速导通，$V_Y = 0.7$ V，而D_B所受电压（0.7−3）V = −2.3 V，D_B承受反压而截止。

（3）当$V_A = 3$ V，$V_B = 0$ V时，D_B迅速导通，D_A承受反压而截止，$V_Y = 0.7$ V。

（4）当$V_A = V_B = 3$ V时，D_A、D_B均导通，$V_Y = 3.7$ V。

归纳上述结果，可得出与门的输入电平和输出电平的关系，如表10-2所示。

在数字电路中电平的高低是相对的，常用符号 1 和 0 表示。表 10-3 是用正逻辑表示的与逻辑状态表，也可称为真值表。

表 10-2　与门输入、输出电平关系表

V_A/V	V_B/V	V_Y/V
0	0	0.7
0	3	0.7
3	0	0.7
3	3	3.7

表 10-3　与逻辑真值表

A	B	Y
0	0	0
0	1	0
1	0	0
1	1	1

由真值表可以看出与门电路的逻辑功能：当输入只要有一端为 0 时，输出就为 0；只有当输入全为 1 时，输出才为 1。与逻辑关系的运算规则为

$$0 \cdot 0 = 0, \ 0 \cdot 1 = 0, \ 1 \cdot 0 = 0, \ 1 \cdot 1 = 1$$

2. 或门

1）或逻辑及或门电路

在决定某事件的各条件中，只要有一个或一个以上的条件具备，该事件就会发生；当所有条件都不具备时，该事件不发生，这种因果关系称为或逻辑关系，简称或逻辑。

例如，图 10-4（a）所示电路中，当开关 A 或 B 其中一个闭合，灯泡 Y 就亮；若开关 A、B 都断开，灯泡 Y 不亮。

在数字电路中，这种逻辑关系表示为 $Y = A + B$，读作"A 或 B"。

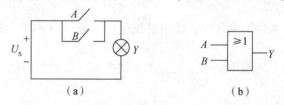

（a）　　　　　　　　　　　（b）

图 10-4　或逻辑运算关系
（a）与逻辑举例；（b）逻辑符号

或门电路指能够实现或逻辑运算关系的电路，其逻辑符号如图 10-4（b）所示。一个或门有两个或两个以上的输入端，只有一个输出端，输入、输出之间的逻辑表达为

$$Y = A + B \tag{10-2}$$

2）二极管或门电路

使用二极管实现或逻辑关系的电路称为二极管或门电路，简称二极管或门，如图 10-5 所示。

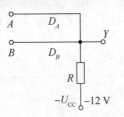

图10-5 二极管或门电路

通过类似于二极管与门那样的分析和估算，可列出二极管或门电路的输入、输出电平关系表（表10-4）和或逻辑真值表（表10-5）。

表10-4 或门输入、输出电平关系表

V_A/V	V_B/V	V_Y/V
0	0	-0.7
0	3	2.3
3	0	2.3
3	3	2.3

表10-5 或逻辑真值表

A	B	Y
0	0	0
0	1	1
1	0	1
1	1	1

由真值表可知或门电路的逻辑功能：当输入只要有一端为1时，输出就为1；只有当输入全为0时，输出才为0。或逻辑关系的运算规则为

$$0 + 0 = 0, \ 0 + 1 = 1, \ 1 + 0 = 1, \ 1 + 1 = 1$$

3. 非门

1）非逻辑及非门电路

决定某事件的唯一条件不满足时，该事件发生；而条件满足时，该事件反而不发生的因果关系称为非逻辑。

例如，图10-6（a）所示电路中，当开关A闭合时，灯泡Y不亮；当开关A断开时，灯泡Y才亮。

在数字电路中，这种逻辑关系表示为$Y = \overline{A}$，读作"A非"或"非A"。在逻辑代数中，非逻辑称为"求反"。

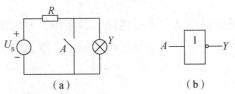

图10-6 非逻辑运算关系

（a）非逻辑举例；（b）逻辑符号

非门电路是指能够实现非逻辑关系的门电路。它有一个输入端，一个输出端，其逻辑符号如图 10-6（b）所示，其逻辑表达式为

$$Y = \bar{A} \tag{10-3}$$

2）晶体管非门电路

非门又称反相器，晶体管非门电路如图 10-7 所示，通过设计合理的参数，使晶体管只工作在饱和区和截止区。

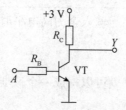

图 10-7　晶体管非门电路

当输入 A 为高电平（3 V）时，晶体管饱和导通，输出 Y 为低电平；当输入 A 为低电平（0 V）时，晶体管截止，输出 Y 为高电平（3 V），与输入输出关系对应得到的非逻辑真值表如表 10-6 所示。

表 10-6　非逻辑真值表

A	Y
0	1
1	0

由真值表可知非门电路的逻辑功能：当输入端为 1 时，输出就为 0；输入端为 0 时，输出就为 1。非逻辑关系的运算规则为

$$\bar{0} = 1, \quad \bar{1} = 0$$

10.2.2　复合逻辑门

1. 与非门

与非门逻辑符号如图 10-8（b）所示，相当于是将一个与门和一个非门按图 10-8（a）所示连接，它的逻辑表达式为

$$Y = \overline{A \cdot B} = \overline{AB} \tag{10-4}$$

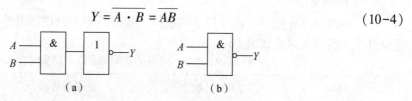

图 10-8　与非逻辑运算关系

（a）与非逻辑结构；（b）逻辑符号

与非逻辑的真值表如表 10-7 所示。

表 10-7　与非逻辑的真值表

A	B	Y
0	0	1
0	1	1
1	0	1
1	1	0

由此可见，与非门的逻辑功能：当输入全为高电平时，输出为低电平；当输入有低电平时，输出为高电平。

2. 或非门

把一个或门和一个非门连接起来就可以构成一个或非门，如图 10-9（a）所示。或非门有多个输入端，但只能有一个输出端。

或非门的逻辑符号如图 10-9（b）所示，它的逻辑表达式为

$$Y = \overline{A + B} \tag{10-5}$$

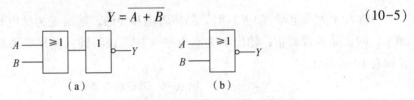

图 10-9　或非逻辑运算关系

（a）或非逻辑结构；（b）逻辑符号

或非逻辑的真值表如表 10-8 所示。

表 10-8　或非逻辑的真值表

A	B	Y
0	0	1
0	1	0
1	0	0
1	1	0

由表可知，或非门的逻辑功能：当输入全为低电平时，输出为高电平；当输入有高电平时，输出为低电平。

3. 其他组合门

除上述组合门外还有与或非门、同或门、异或门等组合逻辑电路，它们与基本门电路的逻辑符号及逻辑表达式如表 10-9 所示。

表 10-9　常用门电路的逻辑符号及逻辑表达式

名称	逻辑功能	逻辑符号	逻辑表达式
与门	与运算	A —— & —— Y　B	$Y = AB$
或门	或运算	A —— ≥1 —— Y　B	$Y = A + B$

名称	逻辑功能	逻辑符号	逻辑表达式
非门	非运算	A—[1]o—Y	$Y = \bar{A}$
与非门	与非运算	A，B—[&]o—Y	$Y = \overline{AB}$
或非门	或非运算	A，B—[≥1]o—Y	$Y = \overline{A + B}$
与或非门	与或非运算	A,B—[&]，C,D—[&]—[≥1]o—Y	$Y = \overline{AB + CD}$
异或门	异或运算	A，B—[=1]—Y	$Y = A\bar{B} + \bar{A}B$ $= A \oplus B$
同或门	同或运算	A，B—[=1]—Y	$Y = AB + \overline{AB}$ $= A \odot B$

10.2.3　集成门电路

门电路可以由分立元件组成，但由于分立元件电路存在体积大、可靠性差、耗能大等缺点，如今广泛使用的是集成门电路。将若干个门电路，经集成工艺制作在同一芯片上，加上封装，引出引脚便成为集成门电路。常见的集成门电路有 TTL 系列和 CMOS 系列两大类，每一类又根据其内部包含门电路的个数、同一门输入端个数、电路的工作速度、功耗等分为多种型号。

1. TTL 集成门电路简介

晶体管–晶体管逻辑电平电路简称 TTL 电路，它是一种性能优良的门电路，因开关速度快、抗干扰能力强、带负载能力强而得到广泛应用。

TTL 集成门电路有许多不同的系列，总体可分为 54 系列和 74 系列。54 系列为满足军用需要设计，工作温度范围为 – 50 ~ 125 ℃；74 系列为满足民用需要设计，工作温度范围为 0 ~ 70 ℃。而每一大系列中可分为几个子系列，如标准的 74 系列、低功耗的 74L 系列、高速的 74H 系列、肖特基 74S 系列、低功耗肖特基 74LS 系列、先进肖特基 74AS 系列、先进低功耗肖特基 74ALS 系列等。

在这些系列中，标准的 74 系列为早期 TTL 产品，已基本淘汰，74LS 系列以其性价比高、综合性能好而应用广泛。

2. CMOS 集成门电路简介

互补金属–氧化物半导体集成电路简称 CMOS 电路，它具有功耗低（25 ~ 100 μW）、电源电压范围宽（3 ~ 18 V）、输入阻抗高（大于 100 MΩ）、抗干扰能力强、集成度高、成本低等特点，应用范围很广，正在逐渐取代 TTL 电路。

在我国，CMOS 集成门电路主要包括 CC4000 系列、54/74HC 系列和 54/74AHC 系列等，其中 CC4000 系列产品与国标标准相同，只要后面的 4 位数字相同，即为相同功能、相同特性的器件，可直接互换使用。54/74 系列产品和 TTL 一样，54 系列是军用产品，74 系列是民用产品，均为高速系列，两者的区别只是特性参数，引脚位置和功能完全相同。

3. 集成逻辑门的内部结构

一般一个逻辑门集成块内部包含几个相同模块的逻辑功能单元，它们在集成块内部相对独立，占用不同的引脚作为输入端和输出端，但共用电源和接地引脚。图 10-10 为四路二输入（简称四 2 输入）与非门 74LS00 的内部逻辑和引脚排列图。"四路"表示它有相同的 4 个逻辑单元，"二输入"指每个逻辑单元有 2 个输入端，"与非门"表示每个逻辑单元的功能。从图 10-10 可以清晰地看到该集成块包含 4 个相同的、相对独立的与非逻辑门，各自占用不同的集成块引脚，在变量字母后加不同的数字加以区分，如"1"表示第一个逻辑门的第一个输入端，"6"表示第二个逻辑门的输出端，它们共用 14 脚电源（U_{cc}）和 7 脚地（GND）。在数字系统中可以根据需要选用其中的一个或多个，没用到的可以闲置，不会影响其他门电路的正常工作。

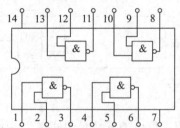

图 10-10　四路二输入与非门 74LS00 的内部逻辑和引脚排列图

4. 常用集成门电路

常用集成门电路如表 10-10 所示。

表 10-10　常用集成门电路

国际常用系列型号	名称	国际常用系列型号	名称
74LS00	四 2 输入与非门	74HC00	四 2 输入与非门
74LS04、05	六反相器	74HC04	六反相器
74LS20	双 4 输入与非门	74HC20	双 4 输入与非门
74LS21	双 4 输入与门	74HC21	双 4 输入与门
74LS30	8 输入与非门	74HC30	8 输入与非门
74LS86	四 2 输入异或门	74HC86	四 2 输入异或门
74LS08、09	四 2 输入与门	74HC10	三 3 输入与非门
74LS02	四 2 输入或非门	/	/
74LS32	四 2 输入或门	/	/

10.3 逻辑代数

一个实际的数字系统，其电路非常复杂。在分析和设计数字电路时，常常借助一种数学工具——逻辑代数。逻辑代数又称布尔代数、开关代数，是由英国数学家乔治·布尔于19世纪中叶提出的，是一种用于描述客观事物逻辑关系的数学方法。

逻辑代数中有两个常量0和1，这里的0和1不表示数量的大小，只代表两个不同的逻辑状态；有3种基本运算：与（AND）、或（OR）、非（NOT）。逻辑代数中，一般用字母表示变量，这种变量称为逻辑变量。每个变量的取值只有0或1两种可能。

1. 逻辑代数的基本公式与定律

基本的逻辑关系有与、或、非3种，与之对应的逻辑运算为与运算（逻辑乘）、或运算（逻辑加）和非运算（逻辑取反）。逻辑代数的基本公式是一些不需要证明的、可以直接使用的恒等式。它们是逻辑代数的基础，利用这些基本公式可以化简逻辑函数，还可以用来证明一些基本定律。

1）逻辑代数的基本公式

逻辑常量只有0和1两种取值，代表两种状态（0代表低电平、1代表高电平）。设 A 为逻辑变量，对于常量与常量、常量与变量、变量与变量之间的基本逻辑运算公式如表10-11所示。

表 10-11   基本逻辑运算公式

名称	与运算	或运算	非运算
逻辑常量	$0 \cdot 0 = 0$ $1 \cdot 0 = 0$ $0 \cdot 1 = 0$ $1 \cdot 1 = 1$	$0 + 0 = 0$ $1 + 0 = 1$ $0 + 1 = 1$ $1 + 1 = 1$	$\bar{1} = 0$ $\bar{0} = 1$
逻辑变量	$A \cdot 0 = 0$ $A \cdot 1 = A$ $A \cdot A = A$ $A \cdot \bar{A} = 0$	$A + 0 = A$ $A + 1 = 1$ $A + A = A$ $A + \bar{A} = 1$	$\bar{\bar{A}} = A$

2）逻辑代数的基本定律

逻辑代数的基本定律是分析、设计逻辑电路，化简和变换逻辑函数式的重要工具。这些定律有其独特的特性，但也有一些和普通代数相似，因此要严格区分，不能混淆。逻辑代数的基本定律如表10-12所示。

表 10-12   逻辑代数的基本定律

定律名称	逻辑关系	
交换律	$A + B = B + A$	$A \cdot B = B \cdot A$
结合律	$A + B + C = (A + B) + C$	$A \cdot B \cdot C = (A \cdot B) \cdot C$
吸收律	$AB + A\bar{B} = A$ $A + A \cdot B = A$	$A + \bar{A}B = A + B$ $AB + \bar{A}C + BC = AB + \bar{A}C$

续表

定律名称	逻辑关系	
分配律	$A \cdot (B + C) = A \cdot B + A \cdot C$	$A + B \cdot C = (A + B) \cdot (A + C)$
摩根定律	$\overline{A \cdot B} = \overline{A} + \overline{B}$	$\overline{A + B} = \overline{A} \cdot \overline{B}$

2. 逻辑函数式的化简方法

进行逻辑设计时，根据逻辑问题归纳出来的逻辑函数式往往不是最简单的逻辑函数式，并且可以有不同的形式，因此，实现这些逻辑函数就会有不同的逻辑电路。对逻辑函数进行化简和变换，可以得到最简的逻辑函数式或所需要的其他形式，从而设计出简洁的逻辑电路。这对于节省元器件，优化生产工艺，降低成本和提高系统可靠性，提高产品在市场的竞争力是非常重要的。

不同形式的逻辑函数式有不同的最简形式，而这些逻辑函数式的简繁程度又相差很大，但大多都可以根据最简与或式变换得到，因此，这里只介绍最简与或式的标准和化简方法。最简与或式的标准有两条：一个是逻辑函数式中的乘积项（与项）的个数最少，另一个是每个乘积项中变量数量最少。下面介绍几种基本的公式法化简方法。

1）合并法

运用基本公式 $A + \overline{A} = 1$，将两项合并成一项，同时消去一个变量。

(1) $A\overline{B}C + A\overline{B}\overline{C} = A\overline{B}(C + \overline{C}) = A\overline{B}$

(2) $A(BC + \overline{B}\overline{C}) + A(B\overline{C} + \overline{B}C) = A$

2）吸收法

运用吸收律 $A + A \cdot B = A$ 和 $AB + \overline{A}C + BC = AB + \overline{A}C$，消去多余的与项。

(1) $AB + AB(E + F) = AB$

(2) $\begin{aligned} ABC + \overline{A}D + \overline{C}D + BD &= ABC + (\overline{A} + \overline{C})D + BD \\ &= ABC + \overline{AC}D + BD \\ &= ABC + \overline{AC}D \\ &= ABC + \overline{A}D + \overline{C}D \end{aligned}$

3）消去法

运用吸收律 $A + \overline{A}B = A + B$，消去多余因子。

(1) $\begin{aligned} AB + \overline{A}C + \overline{B}C &= AB + (\overline{A} + \overline{B})C \\ &= AB + \overline{AB}C \\ &= AB + C \end{aligned}$

(2) $\begin{aligned} A\overline{B} + \overline{A}B + ABCD + \overline{A}\overline{B}CD &= A\overline{B} + \overline{A}B + (AB + \overline{A}\overline{B})CD \\ &= A\overline{B} + \overline{A}B + \overline{A\overline{B} + \overline{A}B} \cdot CD \\ &= A\overline{B} + \overline{A}B + CD \end{aligned}$

4）配项法

在不能直接运用公式、定律化简时，可通过与等于 1 的项相乘或与等于 0 的项相加，进行配项后再化简。例如：

（1）$AB + \overline{BC} + A\overline{CD} = AB + \overline{BC} + A\overline{CD}(B + \overline{B})$

$$= AB + \overline{BC} + AB\overline{CD} + A\overline{B}\overline{CD}$$

$$= AB(1 + \overline{CD}) + \overline{BC}(1 + AD)$$

$$= AB + \overline{BC}$$

（2）$AB + \overline{AC} + BC = AB + \overline{AC} + BC(A + \overline{A})$

$$= AB + \overline{AC} + ABC + \overline{A}BC$$

$$= AB + \overline{AC}$$

【例10-9】化简逻辑函数式 $Y = AD + A\overline{D} + AB + \overline{AC} + \overline{CD} + A\overline{B}EF$。

解：（1）运用 $D + \overline{D} = 1$，将 $AD + A\overline{D}$ 合并，得

$$Y = A + AB + \overline{AC} + \overline{CD} + A\overline{B}EF$$

（2）运用 $A + AB = A$，消去含有 A 因子的乘积项，得

$$Y = A + \overline{AC} + \overline{CD}$$

（3）运用 $A + \overline{AC} = A + C$，消去 $\overline{AC}$ 中的 $\overline{A}$，再运用 $C + \overline{CD} = C + D$ 消去 $\overline{CD}$ 中的 $\overline{C}$，得

$$Y = A + C + D$$

公式法化简逻辑函数的优点是简单方便，对逻辑函数式中的变量个数没有限制，它适用于变量较多、较复杂的逻辑函数式的化简。其缺点是需要熟练掌握和灵活运用逻辑代数的基本定律和基本公式，而且还需要有一定的化简技巧。另外，公式化简法不易判断所得到的逻辑函数是否为最简式。只有通过多练习，积累经验，才能做到熟能生巧，较好地掌握公式法化简方法。

10.4 组合逻辑电路的分析和设计

数字电路根据逻辑功能的不同特点，可以分成两大类，一类称为组合逻辑电路（简称组合电路），另一类称为时序逻辑电路（简称时序电路）。

组合逻辑电路的特点是输出逻辑状态完全由当前输入状态决定。门电路是组合逻辑电路的基本逻辑单元。

10.4.1 组合逻辑电路的分析

组合逻辑电路的分析就是通过分析给定的逻辑电路图（简称逻辑图），得出电路的逻辑功能，即求出逻辑函数式和真值表。分析步骤如下：

（1）根据逻辑电路，从输入到输出逐级推出输出逻辑函数式；

（2）化简逻辑函数式，使逻辑关系简单明了；

（3）根据化简后的逻辑函数式写出真值表，分析电路的逻辑功能。

【例10-10】试分析图10-11所示逻辑电路的逻辑功能。

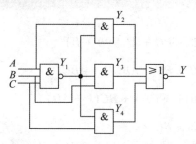

图 10-11 【例 10-10】逻辑电路

解：（1）根据逻辑电路逐级写出电路逻辑函数式。

$Y_1 = \overline{ABC}$

$Y_2 = AY_1 = A \cdot \overline{ABC}$

$Y_3 = BY_1 = B \cdot \overline{ABC}$

$Y_4 = CY_1 = C \cdot \overline{ABC}$

$Y = \overline{Y_2 + Y_3 + Y_4} = \overline{A \cdot \overline{ABC} + B \cdot \overline{ABC} + C \cdot \overline{ABC}}$

（2）化简。

$$Y = \overline{A \cdot \overline{ABC} + B \cdot \overline{ABC} + C \cdot \overline{ABC}}$$

$$= \overline{\overline{ABC} \cdot (A + B + C)}$$

$$= ABC + \overline{ABC}$$

根据化简后的表达式写出真值表，如表 10-13 所示。

表 10-13 【例 10-10】真值表

输入			输出
A	B	C	D
0	0	0	1
0	0	1	0
0	1	0	0
0	1	1	0
1	0	0	0
1	0	1	0
1	1	0	0
1	1	1	1

通过分析真值表可以看出该电路的逻辑功能：当输入 A、B、C 取不同值时，输出为 0；当输入 A、B、C 取相同值时，输出为 1。所以，该电路是一个三变量的"一致性判别电路"。

【例 10-11】试分析图 10-12 所示的逻辑电路的功能。

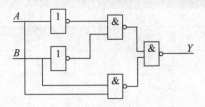

图 10-12   【例 10-11】逻辑电路

解：（1）根据逻辑电路逐级写出电路逻辑函数式并化简。

$$Y = \overline{\overline{A \cdot \overline{B}} \cdot \overline{AB}} = \overline{A} \cdot \overline{B} + AB$$

（2）列出真值表，如表 10-14 所示。

表 10-14   【例 10-11】真值表

A	B	Y
0	0	1
0	1	0
1	0	0
1	1	1

通过分析真值表可以看出，A、B 相同时 $Y=1$，A、B 不同时 $Y=0$，所以该电路是同或逻辑电路。

10.4.2   组合逻辑电路的设计

组合逻辑电路的设计就是在给定逻辑功能及要求的条件下，设计出满足功能要求，而且是最简单的逻辑电路，步骤如下：

（1）确定输入/输出变量，定义变量逻辑状态含义；

（2）根据实际逻辑问题列出真值表；

（3）根据真值表写逻辑表达式，并化简成最简与、或表达式；

（4）根据逻辑表达式画出逻辑图。

【例 10-12】设有甲、乙、丙 3 台电动机，它们运转时必须满足这样的条件，即任何时间必须有而且仅有一台电动机运行，如不满足该条件，就输出报警信号。试设计此报警电路。

解：（1）取甲、乙、丙 3 台电动机的状态为输入变量，分别用 A、B 和 C 表示，并且规定电动机运转为 1，停转为 0；取报警信号为输出变量，以 Y 表示，$Y=0$ 表示正常状态，$Y=1$ 则为报警状态。

（2）根据题意列出真值表，如表 10-15 所示。

表 10-15   【例 10-12】真值表

A	B	C	Y
0	0	0	1
0	0	1	0
0	1	0	0

续表

A	B	C	Y
0	1	1	1
1	0	0	0
1	0	1	1
1	1	0	1
1	1	1	1

（3）写逻辑表达式：

$$Y = \overline{A}BC + \overline{A}B\overline{C} + A\overline{B}C + AB\overline{C} + ABC$$

化简后得到

$$Y = \overline{A}BC + AC + AB + BC$$

（4）由逻辑表达式可画出图 10-13 所示的逻辑电路。

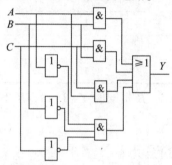

图 10-13　【例 10-12】逻辑电路

【例 10-13】设有甲、乙、丙 3 位评委，共同决定参赛选手是晋级还是淘汰，只有当 3 位评委中的两位及以上同意晋级该选手才能晋级，否则就会被淘汰，请设计此表决电路。

解：（1）取甲、乙、丙 3 位评委状态为输入变量，分别用 A、B 和 C 表示，并且规定同意为 1，不同意为 0；取参赛选手是否晋级为输出变量，以 Y 表示，$Y=1$ 表示选手晋级，$Y=0$ 表示选手淘汰。

（2）根据题意列出真值表，如表 10-16 所示。

表 10-16　【例 10-13】真值表

A	B	C	Y
0	0	0	0
0	0	1	0
0	1	0	0
0	1	1	1
1	0	0	0
1	0	1	1
1	1	0	1
1	1	1	1

（3）写逻辑表达式：

$$Y = \overline{A}BC + A\overline{B}C + AB\overline{C} + ABC$$

化简后得到

$$Y = AC + AB + BC$$

（4）由逻辑表达式可画出图10-14（a）所示的逻辑电路，将其优化成只使用一种门电路，如图10-14（b）所示。

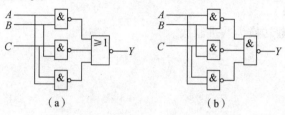

（a）　　　　　　　　　　　　（b）

图10-14　【例10-13】逻辑电路

课堂习题

一、选择题

1. 十进制数46用8421BCD码表示为（　　　）。

A. 1000110　　　　B. 01000110　　　　C. 100110　　　　D. 1111001

2. 基本逻辑运算有（　　　）3种类型。

A. 与、异或、非　　　　　　　　　B. 与、同或、非

C. 与、或、非　　　　　　　　　　D. 与、或、与非

3. A、B、C是与非门的输入，则输出Y为（　　　）。

A. ABC　　　　B. $\overline{ABC}$　　　　C. $\overline{A} + \overline{B} + \overline{C}$　　　　D. $\overline{A + B + C}$

4. 已知逻辑门电路的输入信号A、B和输出信号Y的波形如图10-15所示，则该电路实现（　　　）逻辑功能。

A. 异或　　　　　B. 与非　　　　　C. 或非　　　　　D. 同或

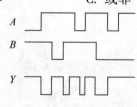

图10-15　选择题4图

二、数制转换

1. 将下列十进制数转换为二进制数。

（1）26

（2）130.625

（3）0.4375

（4）100

2. 将下列二进制数转换为十进制数。

（1）$(11001101)_2$

（2）$(0.01001)_2$

（3）$(101100.11011)_2$

（4）$(1010101.101)_2$

3. 将下列十进制数转换为八进制数。

（1）542.75

（2）256.5

（3）200

（4）8192

4. 将下列十进制数转换为十六进制数。

（1）65535

（2）150

（3）2048.0625

（4）512.125

5. 将下列十六进制数转换为十进制数。

（1）$(88.8)_{16}$

（2）$(2BE)_{16}$

三、解答题

1. 逻辑函数 $Y_1 = AB + B\overline{C} + C\overline{A}$，$Y_2 = ABC + \overline{ABC}$，试分别用真值表和逻辑电路图表示。

2. 试用逻辑代数法化简下列逻辑函数。

（1）$Y = AB(A + BC)$

（2）$Y = (AB + A\overline{B} + \overline{A}B)(A + B + D + \overline{ABD})$

（3）$Y = \overline{A}BC + (A + \overline{B})C$

（4）$Y = \overline{\overline{A}BC(B + \overline{C})}$

（5）$Y = \overline{AB + \overline{AB} + \overline{A}B + A\overline{B}}$

四、分析和设计题

1. 逻辑电路如图 10-16 所示，试分析其逻辑功能，并写出最简与或表达式。

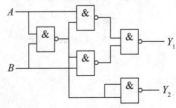

图 10-16　分析和设计题 1 图

2. 逻辑电路如图 10-17 所示，试分析其逻辑功能，并写出最简与或表达式。

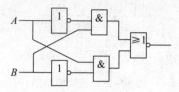

图 10-17　分析和设计题 2 图

3. 试用与非门设计一个三变量一致电路。

4. 在一个射击游戏中，每人可打三枪，一枪打鸟，一枪打鸡，一枪打兔子。规则：打中两枪得奖，但只要打中鸟，也同样得奖。试设计一个判别得奖电路。

项目实施

一、项目分析

1. 逻辑要求

三位评委分别控制 A、B、C 按钮，以少数服从多数的原则表决事件，按下表示同意，否则表示不同意。两人及以上按下按钮表示表决通过，发光二极管点亮，否则不亮。

2. 原理说明

定义变量：三位评委不同意用 0 表示，同意用 1 表示。表决通过用 1 表示，不通过用 0 表示，即可得到真值表，如表 10-17 所示。

表 10-17　真值表

A	B	C	Y
0	0	0	0
0	0	1	0
0	1	0	0
0	1	1	1
1	0	0	0
1	0	1	1
1	1	0	1
1	1	1	1

根据真值表列逻辑表达式并化简得到 $Y = AB + BC + CA$，由逻辑表达式即可画出逻辑电路图，如图 10-18 所示。

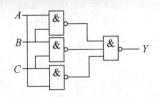

图 10-18　逻辑电路图

二、实训器材

项目 10 实训器材如表 10-18 所示。

表 10-18　项目 10 实训器材

序号	名称	规格	数量
1	74HC00 芯片	2 输入与非门	1
2	74HC10 芯片	3 输入与非门	1
3	发光二极管	5 mm	1
4	电阻	0.25W/470 Ω	4
5	按钮	6×6×5	3

三、安装调试

三人表决器原理图如图 10-19 所示。

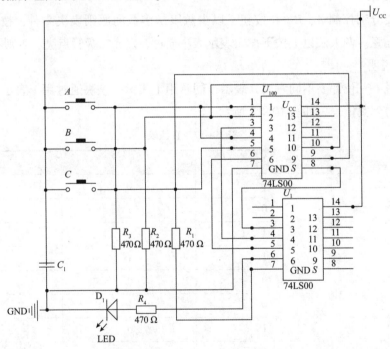

图 10-19　三人表决器原理图

　　按正确方法插好 IC 芯片。电路可以连接在自制的 PCB（印制电路板）上，也可以焊接在万能板上，或者通过万用板插接。

四、功能验证

（1）通电后，分别按下 A、B、C 按钮中的任意一个，观察发光二极管是否点亮。

（2）按下 A、B、C 按钮中的任意两个，观察发光二极管是否点亮。

（3）3 个按钮全部按下，观察发光二极管是否点亮。

项目拓展

（1）图 10-20 为密码锁逻辑控制电路，开锁的条件是：拨对密码；将开锁控制开关 S 接通。如果以上两个条件都满足，门锁控制器开锁信号为 1，而报警信号为 0，将锁打开，不发信号；否则开锁信号为 0 而报警信号为 1，锁不能打开，同时接通警铃报警。根据逻辑电路分析出该密码锁的密码是多少。

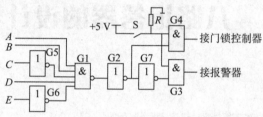

图 10-20   密码锁逻辑控制电路

（2）若密码锁控制电路的密码为 00101，如何对上述电路进行修改？

项目 11　八路抢答器的设计与制作

电视节目《中国诗词大会》中两位选手正在进行激烈的角逐——擂主争霸赛，看过这个节目的同学都知道这个环节是要进行抢答的。题目给出后，谁先按下抢答器的按钮，谁就可以答题，答对加分，答错扣分。你在欣赏电视节目的时候有想过选手手中的抢答器是如何实现的吗？本项目介绍八路抢答器的设计与制作。

知识储备

11.1　编码器

图 11-1 为计算机键盘一角，你知道计算机是怎样知道你按下的是哪个键吗？其实键盘上的每个键都有唯一的二进制代码，例如，〈Enter〉键的代码是 0001101，〈Backspace〉键的代码是 0001000，当你敲击键盘时，计算机实际上收到的就是这样一串二进制代码，根据代码的不同，计算机就知道用户按下的是哪个键了。将键盘按键转换成二进制代码的工作是由编码器完成的。

在数字系统中，经常需要把具有某种特定含义的信号编成二进制代码。这种用二进制代码的组合表示特定含义输入信号的过程称为编码，实现编码功能的逻辑电路称为编码器。编码器的作用是将每一个高、低电平信号编成一个对应的二进制代码。常用编码器有二进制普通编码器、二−十进制编码器和优先编码器。

图11-1 计算机键盘一角

》 11.1.1 二进制普通编码器

用 N 位二进制代码对 2^N 个一般信号进行编码的电路称为二进制普通编码器。N 位二进制符号有 2^N 种不同的组合,因此 N 位输出的编码器可以表示 2^N 个不同的输入信号,二进制普通编码器也称为 2^N 线−N 线普通编码器。图11-2 为 8 线−3 线普通编码器的原理框图。

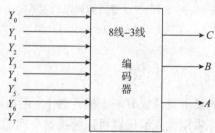

图11-2 8 线−3 线普通编码器的原理框图

此编码器有 8 个输入端 $Y_0 \sim Y_7$,有 3 个输出端 C、B、A。对于普通编码器来说,在任何时刻输入 $Y_0 \sim Y_7$,只允许一个信号为有效电平。高电平有效的 8 线−3 线普通编码器的编码表如表11-1 所示。

表11-1 8 线−3 线普通编码器的编码表

输入	C	B	A
Y_0	0	0	0
Y_1	0	0	1
Y_2	0	1	0
Y_3	0	1	1
Y_4	1	0	0
Y_5	1	0	1
Y_6	1	1	0
Y_7	1	1	1

由编码表得到输出表达式为

$$\begin{cases} C = Y_4 + Y_5 + Y_6 + Y_7 = \overline{\overline{Y_4} \cdot \overline{Y_5} \cdot \overline{Y_6} \cdot \overline{Y_7}} \\ B = Y_2 + Y_3 + Y_6 + Y_7 = \overline{\overline{Y_2} \cdot \overline{Y_3} \cdot \overline{Y_6} \cdot \overline{Y_7}} \\ A = Y_1 + Y_3 + Y_5 + Y_7 = \overline{\overline{Y_1} \cdot \overline{Y_3} \cdot \overline{Y_5} \cdot \overline{Y_7}} \end{cases}$$

实现上述功能的逻辑电路如图 11-3 所示。

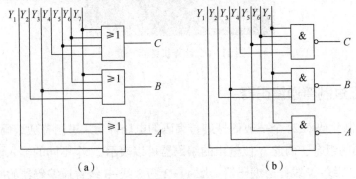

图 11-3　8 线-3 线普通编码器的逻辑电路

(a) 或门构成；(b) 与非门构成

11.1.2　优先编码器

普通编码器同一时间只能要求有且仅有一个输入为 1，但当两个或更多输入信号同时有效时，将造成输出状态混乱，采用优先编码器可以解决这个问题。优先编码器首先对所有的输入信号按优先顺序排队，然后选择优先级最高的一个输入信号进行编码。生活中使用的键盘就是典型的优先编码器。下面以 74LS148 和 74LS147 为例，介绍优先编码器的逻辑功能和使用方法。

1. 8 线-3 线二进制优先编码器 74LS148

8 线-3 线二进制优先编码器 74LS148 的引脚排列图及逻辑符号如图 11-4 所示，该编码器的输入与输出都是低电平有效。图中，U_{CC} 为电源正极，GND 为电源负极。

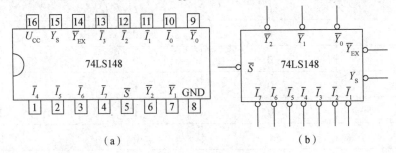

图 11-4　优先编码器 74LS148

(a) 引脚排列图；(b) 逻辑符号

(1) $\overline{I_0} \sim \overline{I_7}$：编码器的 8 个输入端，均为低电平有效，下标号码越大优先级越高。若

$\overline{I_7} = 0$，不论其他输入端是否为低电平（表中用 × 表示），输出 $\overline{Y_2}$、$\overline{Y_1}$、$\overline{Y_0}$ 只对 $\overline{I_7}$ 编码，即 $\overline{Y_2}\overline{Y_1}\overline{Y_0} = 000$。其余以此类推。

（2）$\overline{Y_2} \sim \overline{Y_0}$：三位编码输出端，输出为对应的反码。例如，当 $\overline{I_6} = 0$ 编码时，输出 $\overline{Y_2}\overline{Y_1}\overline{Y_0} = 001$，正好是 110 的反码。

（3）$\overline{S}$：选通输入端，低电平有效。当 $\overline{S} = 0$ 时，编码器正常工作，对输入信号进行编码；当 $\overline{S} = 1$ 时，编码器被封锁，不论有无输入，所有输出端为高电平。

（4）Y_S：选通输出端，只有当所有的编码输入端都是高电平（即没有编码输入），且 $\overline{S} = 0$ 时，Y_S 才为低电平，即 $Y_S = 0$；其他情况 Y_S 均为高电平。因此，Y_S 输出低电平信号表示"电路工作，但无编码输入"。

（5）$\overline{Y_{EX}}$：扩展输出端，只要任何一个编码输入端有低电平信号输入，且 $\overline{S} = 0$，$\overline{Y_{EX}}$ 就为低电平，即 $\overline{Y_{EX}} = 0$。因此，$\overline{Y_{EX}}$ 输出低电平信号，表示"电路工作，而且有编码输入"。

优先编码器74LS148的逻辑功能表如表11-2所示。

表11-2 优先编码器74LS148的逻辑功能表

输入									输出				
$\overline{S}$	$\overline{I_0}$	$\overline{I_1}$	$\overline{I_2}$	$\overline{I_3}$	$\overline{I_4}$	$\overline{I_5}$	$\overline{I_6}$	$\overline{I_7}$	$\overline{Y_2}$	$\overline{Y_1}$	$\overline{Y_0}$	$\overline{Y_{EX}}$	Y_S
1	×	×	×	×	×	×	×	×	1	1	1	1	1
0	1	1	1	1	1	1	1	1	1	1	1	1	0
0	×	×	×	×	×	×	×	0	0	0	0	0	1
0	×	×	×	×	×	×	0	1	0	0	1	0	1
0	×	×	×	×	×	0	1	1	0	1	0	0	1
0	×	×	×	×	0	1	1	1	0	1	1	0	1
0	×	×	×	0	1	1	1	1	1	0	0	0	1
0	×	×	0	1	1	1	1	1	1	0	1	0	1
0	×	0	1	1	1	1	1	1	1	1	0	0	1
0	0	1	1	1	1	1	1	1	1	1	1	0	1

2. 10线-4线二进制优先编码器74LS147

10线-4线二进制优先编码器74LS147为二-十进制编码器，它的引脚排列图及逻辑符号如图11-5所示，逻辑功能表如表11-3所示。该编码器的特点是可以对输入进行优先编码，以保证只编码最高位输入数据线。该编码器输入为1~9九个数字，输出是BCD码，数字0不是输入信号。输入与输出都是低电平有效。

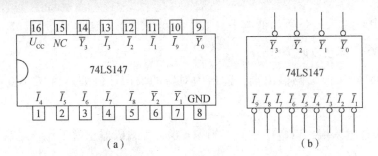

（a）   （b）

图 11-5　二-十进制编码器 74LS147

（a）引脚排列图；（b）逻辑符号

表 11-3　二-十进制编码器 74LS147 逻辑功能表

输入									输出			
$\bar{I}_1$	$\bar{I}_2$	$\bar{I}_3$	$\bar{I}_4$	$\bar{I}_5$	$\bar{I}_6$	$\bar{I}_7$	$\bar{I}_8$	$\bar{I}_9$	$\bar{Y}_3$	$\bar{Y}_2$	$\bar{Y}_1$	$\bar{Y}_0$
1	1	1	1	1	1	1	1	1	1	1	1	1
×	×	×	×	×	×	×	×	0	0	1	1	0
×	×	×	×	×	×	×	0	1	0	1	1	1
×	×	×	×	×	×	0	1	1	1	0	0	0
×	×	×	×	×	0	1	1	1	1	0	0	1
×	×	×	×	0	1	1	1	1	1	0	1	0
×	×	×	0	1	1	1	1	1	1	0	1	1
×	×	0	1	1	1	1	1	1	1	1	0	0
×	0	1	1	1	1	1	1	1	1	1	0	1
0	1	1	1	1	1	1	1	1	1	1	1	0

11.2　译码器

生活中我们经常看到图 11-6 所示的万年历，你知道它是怎样显示时间和日期的吗？其实是译码器将万年历内部芯片产生的二进制时间、日期代码，转换成了适合数码管显示的高、低电平信号，从而驱动数码管发光，显示时间和日期。

图 11-6　万年历

译码是编码的逆过程，相当于对编码的内容进行"翻译"，能实现译码功能的电路称为译码器。在数字电路中，译码器的逻辑功能是将每个输入二进制代码转换成对应的输出高、低电平信号或另外一个代码。常用的译码器有二进制译码器和显示译码器。

11.2.1　二进制译码器

二进制译码器的输入是一组二进制代码，输出是一组与输入代码一一对应的高、低电平信号。下面以3线-8线译码器74LS138为例介绍译码器逻辑功能。

1. 引脚介绍

译码器74LS138的引脚排列图及逻辑符号如图11-7所示。它是一个3位二进制译码器，具有3个输入端 $A_2 \sim A_0$；8个输出端 $\overline{Y_0} \sim \overline{Y_7}$；3个片选使能端 S_1、$\overline{S_2}$、$\overline{S_3}$，只有当 $S_1 = 1$，且 $\overline{S_2} + \overline{S_3} = 0$ 时，译码器处于工作状态，否则译码器被封锁，所有输出端都为高电平；同时利用 S_1、$\overline{S_2}$、$\overline{S_3}$ 片选的作用，可以将74LS138连接起来，扩展译码器的功能。

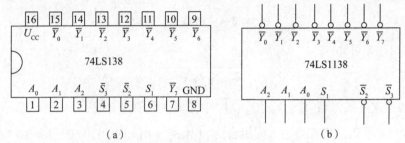

图11-7　译码器74LS138
（a）引脚排列图；（b）逻辑符号

2. 逻辑功能

译码器74LS138的逻辑功能表如表11-4所示。

表11-4　译码器74LS138的逻辑功能表

输入					输出							
S_1	$\overline{S_2} + \overline{S_3}$	A_2	A_1	A_0	$\overline{Y_0}$	$\overline{Y_1}$	$\overline{Y_2}$	$\overline{Y_3}$	$\overline{Y_4}$	$\overline{Y_5}$	$\overline{Y_6}$	$\overline{Y_7}$
×	1	×	×	×	1	1	1	1	1	1	1	1
0	×	×	×	×	1	1	1	1	1	1	1	1
1	0	0	0	0	0	1	1	1	1	1	1	1
1	0	0	0	1	1	0	1	1	1	1	1	1
1	0	0	1	0	1	1	0	1	1	1	1	1
1	0	0	1	1	1	1	1	0	1	1	1	1
1	0	1	0	0	1	1	1	1	0	1	1	1
1	0	1	0	1	1	1	1	1	1	0	1	1
1	0	1	1	0	1	1	1	1	1	1	0	1
1	0	1	1	1	1	1	1	1	1	1	1	0

【例11-1】用译码器74LS138组成的逻辑电路，如图11-8所示，试分析 A_2、A_1、A_0 为何值时输出 $L = 1$。

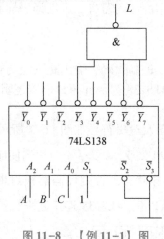

图 11-8　【例 11-1】图

解： 由图 11-8 可知

$$L = \overline{\overline{Y_3} \cdot \overline{Y_5} \cdot \overline{Y_6} \cdot \overline{Y_7}}$$

由上述表达式可知，当 $\overline{Y_3}$、$\overline{Y_5}$、$\overline{Y_6}$、$\overline{Y_7}$ 中任何一数值为 0 时，$L = 1$。

而由表 11-4 可知，只有当输入的组合为 $\overline{A_2} A_1 A_0 = 011$ 时，$\overline{Y_3} = 0$，$L = 1$。

同理可得 $\overline{Y_5}$、$\overline{Y_6}$、$\overline{Y_7}$ 的 $A_2 A_1 A_0$ 的组合为 101、110 和 111 时，$L = 1$。

【例 11-2】试用译码器和门电路实现逻辑函数 $Y = AB + BC + AC$。

解： 将逻辑函数转换成最小项表达式，再转换成与非-与非形式：

$$Y = \overline{A} BC + A\overline{B}C + AB\overline{C} + ABC$$
$$= Y_3 + Y_5 + Y_6 + Y_7$$
$$= \overline{\overline{Y_3}\,\overline{Y_5}\,\overline{Y_6}\,\overline{Y_7}}$$

用一片 74LS138 加一个与非门就可以实现这个逻辑函数，逻辑电路如图 11-9 所示。

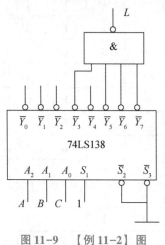

图 11-9　【例 11-2】图

11.2.2   显示译码器

在实际应用中，不仅需要译码，还需要把译码的结果以人们熟悉的十进制数的形式直观地显示出来，所以在数字系统中还需要显示器件及显示译码器。

1. 显示器件

目前广泛使用的显示器件是七段字符显示器，或称七段数码管，其外形如图 11-10（a）所示，共有 10 根引脚，其中 8 根为字段引脚，另外两根（3、8 引脚）为公共端。

如图 11-10（b）所示，七段数码管是由 a、b、c、d、e、f、g 七段可发光的二极管拼合构成，因而也将它称为 LED 数码管或 LED 七段显示器。根据需要，通过控制各段的亮或灭，就可以显示不同的字符或数字，如图 11-10（c）所示。

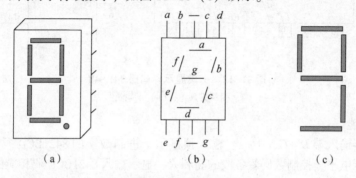

图 11-10   七段数码管
（a）外形；（b）结构；（c）字形

根据发光二极管在数码管内部的连接形式不同，数码管可分为共阴极和共阳极两种。如图 11-11（a）所示，将发光二极管的阴极连接在一起连接到电源负极，而各段发光二极管的正极通过引脚引出的，称为共阴极数码管，此时阳极接高电平的二极管发光，若显示数字"5"，a、c、d、f、g 端接高电平，b、e 端接低电平；如图 11-11（b）所示，将发光二极管的阳极连接在一起连接到电源正极，而各段发光二极管的负极通过引脚引出的，称为共阳极数码管，此时阴极接低电平的二极管发光，若显示数字"5"，a、c、d、f、g 端接低电平，b、e 端接高电平。

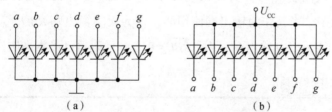

图 11-11   七段数码管共阴、共阳极电路接法
（a）共阴极接法；（b）共阳极接法

2. 七段显示译码器

七段显示译码器能将输入的 8421BCD 码转换成数码管的 7 个字段所需要的驱动信号，驱动数码管相应字段发光，显示出 8421BCD 所表示的十进制数字。显示译码器集成产品较多，下面以用于共阴极数码管的译码电路七段显示译码器 74LS48 为例，介绍集成七段显示译码器的功能。

1）引脚介绍

七段显示译码器74LS48的引脚排列图及逻辑符号如图11-12所示。图中，D、C、B、A 为译码器输入端，a、b、c、d、e、f、g 为译码器输出端，$\overline{LT}$ 为测试端，$\overline{BI}/\overline{RBO}$ 为灭灯输入/灭零输出端，$\overline{RBI}$ 为灭零输入端。

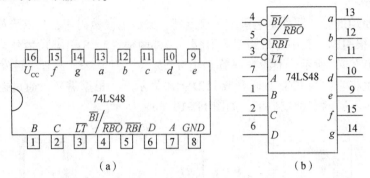

图 11-12　七段显示译码器 74LS48

（a）引脚排列图；（b）逻辑符号

2）引脚功能

（1）译码器输入端 D、C、B、A：输入预显示十进制数字的8421BCD码。译码器输出端 $a \sim g$ 输出高、低电平，控制数码管各段的亮和灭，显示输入8421BCD码相应的十进制数字。

（2）测试端 $\overline{LT}$。当 $\overline{LT}=0$，且 $\overline{BI}/\overline{RBO}=1$ 时，无论输入任何数据，输出端 $a \sim g$ 全为1，数码管的七段全亮，显示"日"字，可以用来检测数码管的各段能否正常发光，平时不使用时应置 $\overline{LT}$ 为高电平。

（3）灭零输入端 $\overline{RBI}$。当 $\overline{RBI}=0$，$\overline{LT}=1$，且输入 $DCBA$ 为0000 时，输出端 $a \sim g$ 全为0，数码管不显示任何数字，而当输入其他数码时，数码管照常显示，实现灭零作用，因此 $\overline{RBI}$ 的作用是把不希望显示的零熄灭。

（4）灭灯输入/灭零输出端 $\overline{BI}/\overline{RBO}$。这是一个双功能的输入/输出端，当作为输入端使用时，称为灭灯输入控制端 $\overline{BI}$，只要 $\overline{BI}=0$，无论 $DCBA$ 为什么状态，数码管各段同时熄灭，不显示任何数字。当其作为输出端使用时，称为灭零输出端 $\overline{RBO}$，若 $\overline{RBI}=0$，$\overline{LT}=1$，且输入 $DCBA$ 为0000，$\overline{RBO}$ 输出0，因此 $\overline{RBO}=0$ 表示译码器已将本来应该显示的零熄灭。

11.3　数据选择器

11.3.1　数据选择器的功能及工作原理

数据选择器的作用是根据地址选择码从多路输入数据中选择一路，送到输出。在数据选择器中，输出数据的选择是用地址信号控制的，如一个4选1的数据选择器需要有两个地址信号输入端，它有4种不同的组合，每一种组合可选择对应的一路数据输出。常用的数据选择器有4选1、8选1和16选1等多种类型。以4选1数据选择器为例，其输出信号为

$$Y = \overline{A_1}\,\overline{A_0}D_0 + \overline{A_1}A_0D_1 + A_1\overline{A_0}D_2 + A_1A_0D_3$$

对于地址输入信号的不同取值，Y 只能等于 $D_0 \sim D_3$ 中唯一的一个。例如，当 A_1A_0 为00时，D_0 信号被选通 Y 端，A_1A_0 为12时，D_3 被选通。

如果有 3 个地址输入信号，8 个数据输入信号，称为 8 选 1 数据选择器，或者 8 路数据选择器。

数据选择器和模拟开关的本质区别在于前者只能传输数字信号，而后者还可以传输单极性或双极性的模拟信号。上述所提到的模拟开关主要是完成信号电路中的信号切换功能。采用 MOS 管的开关方式实现了对信号电路关断或打开，由于其功能类似于开关，而用模拟器件的特性实现，称为模拟开关。

11.3.2　集成数据选择器

1. 集成 8 选 1 数据选择器 74LS151

74LS151 是一种有互补输出的集成 8 选 1 数据选择器，其引脚排列图和逻辑符号如图 11-13 所示。

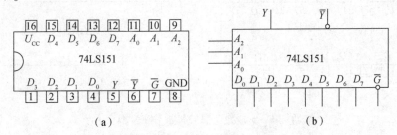

图 11-13　集成 8 选 1 数据选择器 74LS151

（a）引脚排列图；（b）逻辑符号

$D_0 \sim D_7$ 是 8 个数据输入端，A_2、A_1、A_0 是 3 个地址输入端，Y 和 $\overline{Y}$ 是 2 个互补输出端；另外，它还有 1 个低电平有效的使能输入端 $\overline{G}$。

74LS151 的逻辑功能表如表 11-5 所示。

表 11-5　集成 8 选 1 数据选择器 74LS151 的逻辑功能表

输入					输出	
$\overline{G}$	A_2	A_1	A_0	D	Y	$\overline{Y}$
1	×	×	×	×	0	1
0	0	0	0	D_0	D_0	$\overline{D_0}$
0	0	0	1	D_1	D_1	$\overline{D_1}$
0	0	1	0	D_2	D_2	$\overline{D_2}$
0	0	1	1	D_3	D_3	$\overline{D_3}$
0	1	0	0	D_4	D_4	$\overline{D_4}$
0	1	0	1	D_5	D_5	$\overline{D_5}$
0	1	1	0	D_6	D_6	$\overline{D_6}$
0	1	1	1	D_7	D_7	$\overline{D_7}$

由表 11-5 可知，当 $\overline{G} = 1$ 时，选择器不工作，$Y = 0$，$\overline{Y} = 1$。

当 $\overline{G} = 0$ 时，选择器正常工作，其输出逻辑表达式为

$$Y = \overline{A_2}\,\overline{A_1}\,\overline{A_0}D_0 + \overline{A_2}\,\overline{A_1}A_0D_1 + \overline{A_2}A_1\overline{A_0}D_2 + \overline{A_2}A_1A_0D_3$$
$$+ A_2\overline{A_1}\,\overline{A_0}D_4 + A_2\overline{A_1}A_0D_5 + A_2A_1\overline{A_0}D_6 + A_2A_1A_0D_7$$

对于地址输入信号的任何一种状态组合，都有一个输入数据被送到输出端。例如，当 $A_2A_1A_0 = 000$ 时，$Y = D_0$；当 $A_2A_1A_0 = 101$ 时，$Y = D_5$ 等。

2. 集成双 4 选 1 数据选择器 74LS153

74LS153 是一种集成双 4 选 1 数据选择器，其引脚排列图和逻辑符号如图 11-14 所示。一个芯片上集成了两个 4 选 1 数据选择器，每个数据选择器有 4 个数据输入端 $D_0 \sim D_3$，共用 2 个地址输入端 A_1、A_0，1 个输出端 Y；另外，它还有 1 个低电平有效的使能输入端 $\overline{G}$。

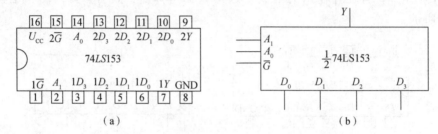

图 11-14　集成双 4 选 1 数据选择器 74LS153

（a）引脚排列图；（b）逻辑符号

集成双 4 选 1 数据选择器 74LS153 的逻辑功能表如表 11-6 所示。

表 11-6　集成双 4 选 1 数据选择器 74LS153 的逻辑功能表

输入				输出
$\overline{G}$	A_1	A_0	D	Y
1	×	×	×	0
0	0	0	D_0	D_0
0	0	1	D_1	D_1
0	1	0	D_2	D_2
0	1	1	D_3	D_3

当 $\overline{G} = 1$ 时，选择器不工作，$Y = 0$；当 $\overline{G} = 0$ 时，选择器正常工作，其输出逻辑表达式为

$$Y = \overline{A_1}\,\overline{A_0}D_0 + \overline{A_1}A_0D_1 + A_1\overline{A_0}D_2 + A_1A_0D_3$$

3. 集成数据选择器的应用

集成数据选择器的应用广泛，常见的有以下 3 种。

1）构成无触点切换电路

图 11-15 是数据选择器的一个典型应用电路。该电路是由数据选择器 74LS153 构成的无触点切换电路，用于切换四种频率的输入信号。四路信号由 $D_0 \sim D_3$ 输入，Y 端的输出由 A、B 端来控制。例如，当 $AB = 11$ 时，D_3 被选中，$f_3 = 3\ \text{kHz}$ 的方波信号由 Y 端输出；当 $AB = 10$

时，$f_2 = 1$ kHz 的信号被送到 Y 端。

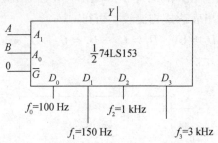

图 11-15 数据选择器构成的无触点切换电路

2）实现组合逻辑电路

数据选择器除了能在多路数据中选择一路数据输出外，还能有效地实现组合逻辑函数，作为这种用途的数据选择器又称为逻辑函数发生器。下面举例说明数据选择器实现组合逻辑函数的方法和步骤。

【例11-3】用集成8选1数据选择器74LS151实现逻辑函数 $Y = A\overline{C} + BC + A\overline{B}$。

解：把函数 Y 变换成最小项表达式

$$Y = A\overline{C}(B + \overline{B}) + BC(A + \overline{A}) + A\overline{B}(C + \overline{C})$$
$$= AB\overline{C} + A\overline{B}\overline{C} + ABC + \overline{A}BC + A\overline{B}C + A\overline{B}\overline{C}$$
$$= \overline{A}BC + A\overline{B}\overline{C} + A\overline{B}C + AB\overline{C} + ABC$$
$$= m_3 + m_4 + m_5 + m_6 + m_7$$

将输入变量接至数据选择器的地址输入端，即 $A_2 = A$，$A_1 = B$，$A_0 = C$，将 Y 式的最小项表达式与74LS151的输出表达式相比，Y 式中出现的最小项对应的数据输入端应接1，Y 式中没有出现的最小项对应的数据输入端应接0，即

$$D_0 = D_1 = D_2 = 0 \qquad D_3 = D_4 = D_5 = D_6 = D_7 = 1$$

8选1数据选择器74LS151按上面的方法分别使数据输入端置1或置0后，随着地址信号的变化，输出端就产生所需要的函数，逻辑电路如图11-16所示。

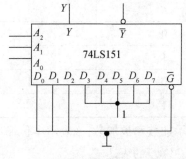

图 11-16 【例11-3】图

【例11-4】用集成双4选1数据选择器74LS153实现逻辑函数 $Y = AB + BC + AC$。

解：函数 Y 有3个输入变量 A、B、C，而集成双4选1数据选择器仅有两个地址输入端 A_1 和 A_0，所以选 A、B 接到地址端，即 $A = A_1$，$B = A_0$，C 接到相应的数据端。

将逻辑函数转换成每一项都含有 A、B 的表达式为

$$Y = AB + BC + AC = AB + \overline{A}BC + A\overline{B}C$$

将上式与 74LS153 的输出表达式相比较，可得

$$D_0 = 0 \quad D_1 = C \quad D_2 = C \quad D_3 = 1$$

逻辑电路如图 11-17 所示。

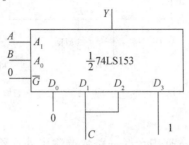

图 11-17 【例 11-4】图

3）数据选择器的扩展应用

实际应用中，有时需要获得更大规模的数据选择器，这时可进行通道扩展。可用两个 8 选 1 数据选择器 74LS151 和 3 个门电路组成 16 选 1 数据选择器，请读者自行分析。

11.4 加法器

在数字系统中，尤其在计算机的数字系统中，算术运算都是分解成若干步加法运算进行的。因此，加法器是构成算术运算的基本单元电路。

11.4.1 半加器

能够完成两个 1 位二进制数 A 和 B 相加的组合逻辑电路称为半加器。根据两个 1 位二进制数 A 和 B 相加的运算规律可得半加器的真值表，如表 11-7 所示。

表 11-7 半加器的真值表

输入		输出	
A	B	S	C
0	0	0	0
0	1	1	0
1	0	1	0
1	1	0	1

表 11-7 中，A 和 B 分别表示加数和被加数，S 表示本位输出，C 表示向相邻高位的进位输出。由真值表可得半加和 S 与进位 C 的表达式

$$S = A\overline{B} + \overline{A}B = A \oplus B$$

$$C = AB$$

图 11-18 是用异或门和与门组成的半加器逻辑图，图 11-19 是半加器的逻辑符号。

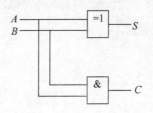

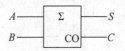

图11-18 异或门和与门组成的半加器逻辑图　　图11-19 半加器的逻辑符号

11.4.2 全加器

在多位加法运算时，除最低位外，其他各位都需要考虑低位送来的进位，这时要用到全加器。全加是指两个多位二进制数相加时，第 i 位的被加数 A_i 和加数 B_i 以及来自相邻低位的进位数 C_{i-1} 三者相加，其结果得到本位和 S_i 及向相邻高位的进位数 C_i。全加器的真值表如表11-8所示。

表11-8 全加器的真值表

输入			输出	
A_i	B_i	C_{i-1}	S_i	C_i
0	0	0	0	0
0	0	1	1	0
0	1	0	1	0
0	1	1	0	1
1	0	0	1	0
1	0	1	0	1
1	1	0	0	1
1	1	1	1	1

由真值表可得本位和 S_i 和进位 C_i 的表达式为

$$S_i = \overline{A}_i\overline{B}_iC_{i-1} + \overline{A}_iB_i\overline{C}_{i-1} + A_i\overline{B}_i\overline{C}_{i-1} + A_iB_iC_{i-1}$$
$$= (\overline{A}_iB_i + A_i\overline{B}_i)\,\overline{C}_{i-1} + (\overline{A}_i\overline{B}_i + A_iB_i)\,C_{i-1}$$
$$= (A_i \oplus B_i)\,\overline{C}_{i-1} + (\overline{A_i \oplus B_i})\,C_{i-1}$$
$$= A_i \oplus B_i \oplus C_{i-1}$$

$$C_i = \overline{A}_iB_iC_{i-1} + A_i\overline{B}_iC_{i-1} + A_iB_i\overline{C}_{i-1} + A_iB_iC_{i-1}$$
$$= (\overline{A}_iB_i + A_i\overline{B}_i)\,C_{i-1} + A_iB_i(\overline{C}_{i-1} + C_{i-1})$$
$$= (A_i \oplus B_i)\,C_{i-1} + A_iB_i$$

根据上面两个式子可画出全加器的逻辑电路，如图11-20所示。图11-21为全加器的逻辑符号。

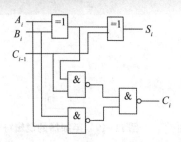

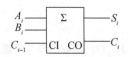

图 11-20　异或门和与非门组成的全加器逻辑电路　　　图 11-21　全加器的逻辑符号

11.4.3　多位二进制加法器

一个半加器或全加器只能完成两个一位二进制数的相加，要实现两个多位二进制数的加法运算，就必须使用多个全加器（最低位可用半加器）。最简单的方法是将多个全加器串行连接，即将低位全加器的进位输出 C_i 接到高位的进位输入 C_{i-1} 上去。图 11-22 为 4 位串行进位加法器的逻辑图。

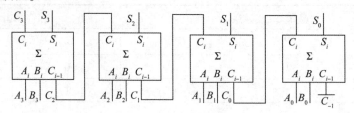

图 11-22　4 位串行进位加法器的逻辑电路

由图 11-22 可见，两个 4 位加数 $A_3A_2A_1A_0$ 和 $B_3B_2B_1B_0$ 并行送到相应全加器的输入端，但进位数串行传送，最低位全加器的 C_{i-1} 端接 0。

串行进位加法器的优点是电路简单，缺点是速度慢，因为进位信号是串行传送。现在的集成加法器大多采用快速进位加法器，即在进行加法运算的过程中，各级进位信号同时送到各全加器的进位输入端。74LS283 就是一种典型的 4 位快速进位集成加法器，其逻辑符号如图 11-23 所示。

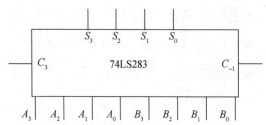

图 11-23　4 位快速进位集成加法器 74LS283

图 11-24 为用 74LS283 实现的 8421BCD 码到余 3 码的转换。对于同一个十进制数，余 3 码比 8421BCD 码多 3，因此，实现 8421BCD 码到余 3 码的转换，只需将 8421BCD 码加 3（0011）。

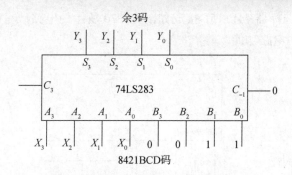

图 11-24 8421BCD 码到余 3 码的转换

如果要扩展加法运算，可将多片 74LS283 进行级联，即将低位片的 C_3 接到相邻高位片的 C_{-1} 上。

课堂习题

1. 试用 3 线-8 线译码器 74LS138 和与非门分别实现下列逻辑函数。

（1）$Z = ABC + \bar{A}(B + C)$

（2）$Z = AB + AC$

（3）$Z = (A + B)(\bar{A} + \bar{C})$

2. 试用 8 选 1 数据选择器 74LS151 分别实现下列逻辑函数。

（1）$Z = F(A, B, C) = \sum m(0, 1, 5, 6)$

（2）$Z = A\bar{B}C + \bar{A}(\bar{B} + C)$

3. 试用集成双 4 选 1 数据选择器 74LS153 分别实现下列逻辑函数。

（1）$Z = F(A, B) = \sum m(0, 1, 3)$

（2）$Z = A\bar{B}\bar{C} + \bar{A}C + BC$

4. 试用 8 选 1 数据选择器设计一个 3 人表决电路。当表决提案时，多数人同意，提案通过，否则提案被否决。

5. 用集成双 4 选 1 数据选择器 74LS153 接成如图 11-25 所示的电路。分析电路的功能，写出函数 F_1、F_2 的表达式，用最小项之和的形式 $\sum m_i$ 表示。

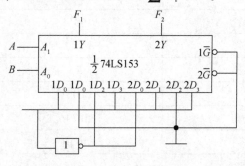

图 11-25 题 5 图

6. 用 8 选 1 数据选择器 74LS151 接成如图 11-26 所示的电路。写出函数 Y 的逻辑表达式，列出真值表并说明电路功能。

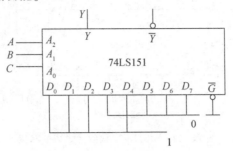

图 11-26　题 6 图

7. 试用 3 线-8 线译码器实现全加器。

项目实施

一、项目要求

八位选手进行抢答，抢答开始。当按下抢答键任何一个按钮时，数码管显示对应的号码，表示该号抢答成功，其他抢答按钮再按下无效。本题结束主持人若按下复位按钮，数码管显示 0，复位后才能进行下一次抢答。任意抢答键按下均伴随着蜂鸣器鸣响。

二、实训器材

项目 11 实训器材如表 11-9 所示。

表 11-9　项目 11 实训器材

序号	名称	规格	数量
1	0.25 W 电阻	300 Ω	7
		1 kΩ	5
		10 kΩ	1
		100 kΩ	1
2	二极管	IN4148	15
3	三极管	9013	1
4	数码管	1 位	1
5	蜂鸣器	5 V	1
6	IC	CD4511	1
7	IC 插座	DIP16	1
8	电容	10 μF	1
9	按钮	6×6	9

三、安装调试

八路抢答器原理图如图 11-27 所示。

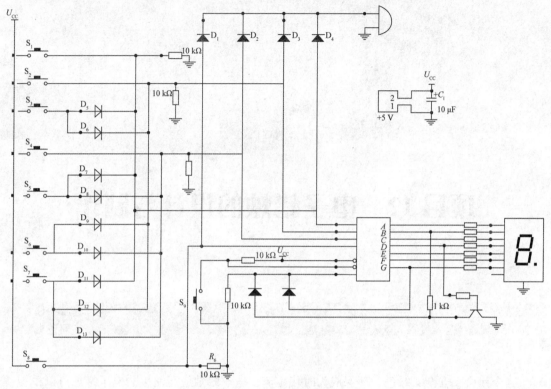

图 11-27　八路抢答器原理图

按正确方法插好 IC 芯片。电路可以连接在自制的 PCB 上，也可以焊接在万能板上，或者通过万能板插接。

四、功能验证

（1）通电后，分别按下 $S_1 \sim S_8$ 按钮中的任意一个，观察数码管显示的数字及蜂鸣器是否发出声音。

（2）按下 S_9 按钮，观察数码管显示情况。

（3）按下 $S_1 \sim S_8$ 任意按钮后，观察再按其他按钮数码管显示是否发生变化。

项目拓展

设计一个三变量多数表决器，并分别用与非门、译码器、数据选择器加以实现。

项目 12　电子蜡烛的设计与制作

项目引入

当今社会，安全、绿色、环保成为时代主流，电子蜡烛应运而生。电子蜡烛可以模拟普通蜡烛发光，不燃烧、不发热，既避免引起火灾，而且美观大方，可用于照明，也可用于生日晚会等各种装饰场合。本项目介绍电子蜡烛的设计与制作。

知识储备

12.1　触发器

在各种复杂数字电路中，不但需要对二进制数码进行算术运算和逻辑运算，还经常需要将这些数码和运算结果保存起来。为此，需要使用具有记忆功能的基本逻辑单元。能够存储 1 位二进制数码的基本单元电路统称为触发器。

触发器有如下 3 个基本特征：

（1）有两个稳态，可分别表示二进制数码 0 和 1，无外触发时可维持稳态；

（2）外触发下，两个稳态可相互转换（称翻转）；

（3）有两个互补输出端。

触发器是时序逻辑电路的基本单元。触发器种类很多，按逻辑功能不同分为 RS 触发器、D 触发器、JK 触发器和 T 触发器等。

12.1.1 RS 触发器

1. 基本 RS 触发器

基本 RS 触发器又称RS 锁存器，它是构成各种触发器的最简单基本单元。

1) 电路结构

如图 12-1（a）所示，将两个与非门的输入、输出端交叉连接，就组成一个基本 RS 触发器。$\overline{R}_D$、$\overline{S}_D$ 为触发器的两个输入端。Q 和 $\overline{Q}$ 是两个输出端，这两个输出端始终是互补状态，即一端为 1，则另一端必为 0。通常规定 Q 端的状态为触发器的状态，即当 $Q = 1$，$\overline{Q} = 0$ 时，称触发器处于 1 态；当 $Q = 0$，$\overline{Q} = 1$ 时，称触发器处于 0 态。

图 12-1（b）为基本 RS 触发器的逻辑符号。

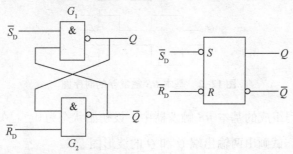

图 12-1 基本 RS 触发器

（a）逻辑电路；（b）逻辑符号

2) 逻辑功能

（1）当 $\overline{S}_D = 1$，$\overline{R}_D = 0$ 时，由于 G_2 的输入有一个为 0，故 G_2 输出 $\overline{Q} = 1$；而 G_1 的两个输入全是 1，故 G_1 输出 $Q = 0$。因此，触发器处于置 0 或复位状态。

（2）当 $\overline{S}_D = 0$，$\overline{R}_D = 1$ 时，因 G_1 中有一个输入为 0，故 $Q = 1$，而 G_2 两个输入全是 1，故 $\overline{Q} = 0$。触发器处于置 1 或置位状态。

（3）当 $\overline{S}_D = 1$，$\overline{R}_D = 1$ 时，触发器的输出将与初态有关，如果初态为 1，即 $Q = 1$（$\overline{Q} = 0$），则 G_2 输入全为 1，故输出 $\overline{Q} = 0$，使 $Q = 1$；如果初态为 0，即 $Q = 0$（$\overline{Q} = 1$），则 G_1 输入全为 1，故 $Q = 0$，使 $\overline{Q} = 1$。触发器将保持初态，具有记忆功能。

（4）当 $\overline{S}_D = 0$，$\overline{R}_D = 0$ 时，G_1、G_2 两门都有为 0 的输入端，所以它们的输出 $\overline{Q} = 1$，$Q = 1$。这与 Q 与 $\overline{Q}$ 的状态互补的逻辑要求矛盾，而且一旦 $\overline{S}_D$、$\overline{R}_D$ 同时为 1，由于两个与非门的延迟时间无法确定，触发器的状态不能确定是 1 还是 0，称这种情况为不定状态，这种情况应当避免。

综上分析，可列出基本 RS 触发器的逻辑功能表，如表 12-1 所示。表中，Q^n 为触发器的原状态（现态），即触发信号输入前的状态；Q^{n+1} 为触发器的新状态（次态），即触发器输入后的状态。

表 12-1 基本 RS 触发器的逻辑功能表

输入		输出	功能说明
$\overline{R}_D$	$\overline{S}_D$	Q^{n+1}	
1	1	Q^n	保持

续表

输入		输出	功能说明
$\bar{R}_\text{D}$	$\bar{S}_\text{D}$	Q^{n+1}	
1	0	1	置1（置位）
0	1	0	置0（复位）
0	0	×	不定

3）时序图（设初态为0）

基本 RS 触发器的时序图如图 12-2 所示。

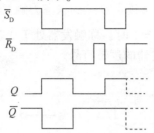

图 12-2　基本 RS 触发器的时序图

【例 12-1】 与非门组成的基本 RS 触发器中，设初始状态为0，已知输入 $\bar{R}$、$\bar{S}$ 的波形图如图 12-3（a）所示，试画出两输出端 Q 和 $\bar{Q}$ 的波形图。

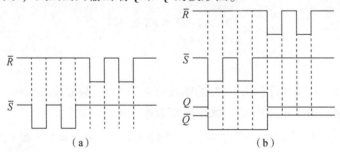

图 12-3　【例 12-1】图
(a) 输入波形图；(b) 输出波形图

解：由表 12-1 可知，当 $\bar{R}$、$\bar{S}$ 都为高电平时，触发器保持原状态不变；当 $\bar{S}$ 变为低电平时，触发器翻转为 1 状态；当 $\bar{R}$ 变为低电平时，触发器翻转为 0 状态；不允许 $\bar{R}$、$\bar{S}$ 同时为低电平。由此可画出 Q 和 $\bar{Q}$ 的波形图，如图 12-3（b）所示。

由以上分析可得基本 RS 触发器的工作特点如下：

（1）基本 RS 触发器具有两个稳定状态，分别为 1 态和 0 态，故其又称为双稳态触发器；

（2）输入信号直接加在输出门上，在全部作用时间内直接改变输出状态，也就是说，输出状态直接受输入信号的控制，因此基本 RS 触发器又称为直接置位-复位触发器；

（3）没有外加触发信号作用时，触发器保持原有状态不变，具有记忆作用。

2. 同步 RS 触发器

基本 RS 触发器只要输入信号发生变化，触发器的状态就会立即发生变化。在一个数字系统中，通常采用多个触发器，为了使系统协调工作，必须由一个同步信号控制。要求各触发器只有在同步信号到来时，才能根据输入信号改变输出信号的状态，而且一个同步信号只能使触发器的状态改变一次。该同步信号称为时钟信号，记作 CP 信号。

1）电路结构

如图12-4所示，在基本触发器 G_1、G_2 的基础上增加 G_3、G_4 两个引导门，就构成同步 RS 触发器。R、S 端为信号输入端，CP 端为时钟信号端。

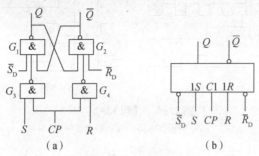

图12-4 同步 RS 触发器
(a) 逻辑电路；(b) 逻辑符号

2）逻辑功能

当时钟信号 $CP=0$ 时，G_3、G_4 被关闭，输入信号 R、S 被封锁，基本 RS 触发器 $\overline{S}_D = \overline{R}_D = 1$，触发器状态保持不变。当时钟信号 $CP=1$ 时，G_3、G_4 被打开，输入信号 R、S 经反相后被引导到基本 RS 触发器的输入端，由 R、S 信号控制触发器的状态。同步 RS 触发器逻辑功能表如表12-2所示。

表12-2 同步 RS 触发器的逻辑功能表（在 $CP=1$ 期间有效）

输入		输出	功能说明
R	S	Q^{n+1}	
0	1	1	置1
1	0	0	置0
0	0	Q^n	保持
1	1	×	不定

3）时序图（设初态为0）

同步 RS 触发器的时序图如图12-5所示。

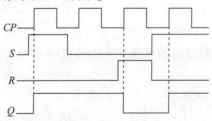

图12-5 同步 RS 触发器的时序图

【例12-2】同步 RS 触发器的输入波形图如图12-6（a）所示，试画出输出信号的电压波形，设触发器的初始状态为0态。

解：由同步 RS 触发器的逻辑功能可知，$CP=0$ 时，触发器保持原来的状态不变。若 $CP=1$，当 R、S 都为低电平时，触发器保持原状态不变；当 S 变为高电平时，触发器翻转为 1 状态；当 R 变为高电平时，触发器翻转为 0 状态；不允许 R、S 同时为高电平。由此可画出 Q 和 $\overline{Q}$ 的波形图，如图 12-6（b）所示。

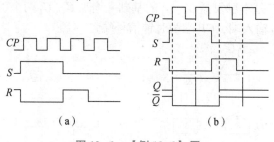

(a)   (b)

图 12-6 【例 12-2】图

(a) 输入波形图；(b) 输出波形图

12.1.2 D 触发器

本小节介绍边沿 D 触发器，边沿触发是指在时钟脉冲 CP 的边沿（上升沿或下降沿）到来时改变触发器状态的方法。

1. 逻辑符号

边沿 D 触发器在时钟脉冲的触发沿根据 D 输入端的状态存储数据。边沿 D 触发器的逻辑符号如图 12-7 所示。它有一个 D 输入端、一个时钟输入端 CP、两个互补输出端 Q 和 $\overline{Q}$。时钟输入端上标有小三角，表示该触发器是边沿触发。当小三角底部没有小圆圈时，表示上升沿（正沿）触发，即触发器仅在时钟脉冲 CP 的上升沿改变状态。当小三角底部有小圆圈时，表示下降沿（负沿）触发，即触发器仅在时钟脉冲 CP 的下降沿改变状态。

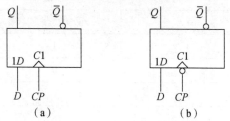

(a)   (b)

图 12-7 边沿 D 触发器的逻辑符号

(a) 上升沿触发；(b) 下降沿触发

2. 逻辑功能

当给边沿 D 触发器加载时钟脉冲 CP 后，通过仿真或实验可以发现，触发器的输出取决于 D 输入端的状态。边沿 D 触发器的功能演示如图 12-8 所示。边沿 D 触发器的真值表如表 12-3 所示。

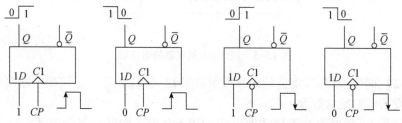

图 12-8 边沿 D 触发器的功能演示

表12-3 边沿 D 触发器的真值表（上升沿触发）

输入		输出		功能说明
CP	D	Q^{n+1}	$\overline{Q^{n+1}}$	
↑	0	0	1	置0
↑	1	1	0	置1

3. 时序图

上升沿触发 D 触发器的输入端波形如图12-9所示时，根据边沿 D 触发器真值表，时钟脉冲 CP 由低电平上升到高电平时，将输入端 D 的状态传送到 Q 端，故 Q 端的波形图如图12-9所示（设初始状态 $Q = 0$）。

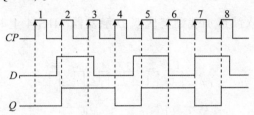

图12-9 上升沿触发 D 触发器的时序图

4. 集成双 D 触发器74LS74

1）引脚排列图和逻辑符号

74LS74为上升沿触发 D 触发器，内含两个相同的 D 触发器，故称集成双 D 触发器，其引脚排列图和逻辑符号如图12-10所示。CP 为时钟输入端，D 为数据输入端，Q、$\overline{Q}$ 为互补输出端，$\overline{R}_D$ 为直接复位端（或异步复位端），$\overline{S}_D$ 为直接置位端（或异步置位端）。

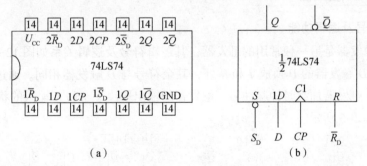

图12-10 集成双 D 触发器74LS74

（a）引脚排列图；（b）逻辑符号

2）逻辑功能

直接复位端 $\overline{R}_D$ 和直接置位端 $\overline{S}_D$ 用来设置初始状态，为低电平有效，$\overline{R}_D$、$\overline{S}_D$ 不允许同时有效。当 $\overline{R}_D$ 有效时，无论其他输入是什么，输出都会置0；当 $\overline{S}_D$ 有效时，无论其他输入是什么，输出都会置1。其逻辑功能表如表12-4所示。

表 12-4　集成双 D 触发器 74LS74 的逻辑功能表

输入				输出		功能说明
$\overline{S_D}$	$\overline{R_D}$	CP	D	Q^{n+1}	$\overline{Q^{n+1}}$	
0	1	×	×	1	0	异步置1
1	0	×	×	0	1	异步置0
0	0	×	×	1	1	不定状态
1	1	↑	1	1	0	置1
1	1	↑	0	0	1	置0

3）时序图

在图 12-11 所示输入波形加载到集成双 D 触发器 74LS74 上时，Q 输出端的波形如图 12-11 所示。

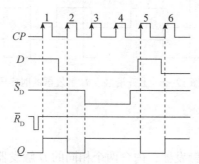

图 12-11　集成双 D 触发器 74LS74 的时序图

12.1.3　JK 触发器

1. 逻辑符号及逻辑功能

边沿 JK 触发器是另一种常用的触发器，其逻辑符号及逻辑关系如图 12-12 所示。除了数据输入端由 D 触发器的 D 换成 J 和 K 外，其余符号与 D 触发器相同。通过仿真或实验可以发现，当 JK 触发器加载时钟脉冲后，触发器的输出取决于 J 和 K 输入的状态。JK 触发器的真值表如表 12-5 所示。

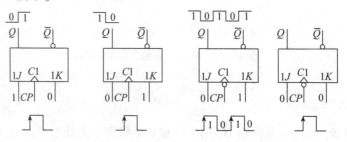

图 12-12　边沿 JK 触发器的逻辑符号及逻辑关系

表12-5　边沿 JK 触发器的真值表

输入		输出	功能说明
J	K	Q^{n+1}	
0	1	0	置0
1	0	1	置1
0	0	Q^n	保持
1	1	$\overline{Q^n}$	计数（翻转）

2. 时序图

下降沿触发的 JK 触发器输入端的波形与输出端 Q 和 $\overline{Q}$ 的波形如图12-13所示（设初始状态 $Q=0$）。

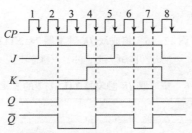

图12-13　下降沿触发的 JK 触发器的时序图

【例12-3】边沿 JK 触发器的逻辑符号和输入电压波形如图12-14所示，试画出触发器 Q 和 $\overline{Q}$ 端所对应的电压波形，设触发器的初始状态为0态。

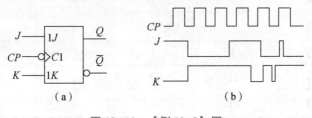

（a）　　　　　　（b）

图12-14　【例12-3】图

（a）逻辑符号；（b）输入电压波形

解：图12-14为下降沿触发的 JK 触发器，根据表12-5可画出 Q 和 $\overline{Q}$ 端所对应的电压波形，如图12-15所示。

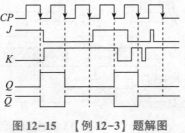

图12-15　【例12-3】题解图

3. 集成双 JK 触发器 74LS112

1）引脚排列图、逻辑符号及逻辑功能

74LS112 为下降沿 JK 触发器，内含两个相同的 JK 触发器，故称集成双 JK 触发器。$\bar{S}_D$、$\bar{R}_D$ 分别为异步置 1 端和异步置 0 端，均为低电平有效。其引脚排列图和逻辑符号如图 12-16 所示，其逻辑功能表如表 12-6 所示。

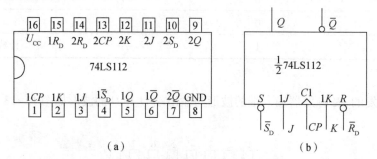

图 12-16 集成双 JK 触发器 74LS112

（a）引脚排列图；（b）逻辑符号

表 12-6 集成双 JK 触发器 74LS112 的逻辑功能表

输入					输出	
$\bar{R}_D$	$\bar{S}_D$	J	K	CP	Q^{n+1}	$\overline{Q^{n+1}}$
0	1	×	×	×	0	1
1	0	×	×	×	1	0
0	0	×	×	×	1	1
1	1	0	0	↓	Q^n	$\overline{Q^n}$
1	1	0	1	↓	0	1
1	1	1	0	↓	1	0
1	1	1	1	↓	$\overline{Q^n}$	Q^n

2）时序图

在图 12-17 中的输入波形加载到 JK 触发器 74LS112 上时，Q 的输出波形如图 12-17 所示（设初始状态 $Q = 0$）。

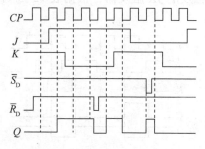

图 12-17 74LS112 的时序图

【例 12-4】 由边沿 D 触发器 74LS74 和边沿 JK 触发器 74LS112 组成的电路如图 12-18（a）

所示，各输入端波形如图12-18（b）所示。当各触发器的初态为0时，试画出Q_1和Q_2端的波形。

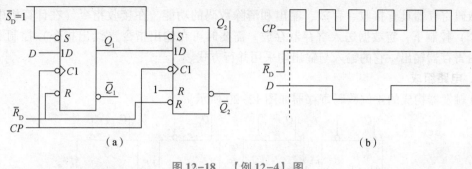

图12-18　【例12-4】图

（a）电路图；（b）输入电压波形

解：边沿D触发器74LS74是上升沿触发，边沿JK触发器74LS112是下降沿触发，则根据表12-4和表12-6可画出Q_1和Q_2端的波形，如图12-19所示。

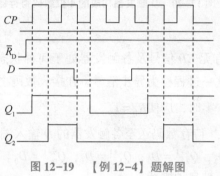

图12-19　【例12-4】题解图

12.2　寄存器

组合逻辑电路没有记忆功能。但在实际应用中，往往需要电路能够综合这一时刻的输入信号和此前电路的输出状态进行判断，即具有记忆功能。本节讨论这种有记忆功能的电路——时序逻辑电路。在计算机系统中，寄存器和计数器都是这种电路。

12.2.1　寄存器简介

寄存器是数字电路中的一个重要部件，具有存储二进制数码或信息的功能。寄存器是由具有存储功能的触发器组合起来构成的，1个触发器可以存储1位二进制代码，存放n位二进制代码的寄存器需用n个触发器来构成。

寄存器存放数码的方式有并行和串行两种。并行方式就是数码各位从各对应位同时输入寄存器中；串行方式就是数码从一个输入端逐位输入寄存器中。

从寄存器取出数码的方式也有并行和串行两种。在并行方式中，被取出的数码各位在对应于各位的输出端上同时出现；而在串行方式中，被取出的数码在一个输出端逐位出现。

寄存器通常分为两大类：数码寄存器和移位寄存器。

12.2.2 数码寄存器

数码寄存器具有接收、存放、输出和清除数码的功能。在接收指令（在计算机中称为写指令）控制下，将数据送入寄存器存放。需要时可在输出指令（读出指令）控制下，将数据由寄存器输出。它的输入与输出均采用并行方式。

1. 电路组成

D 触发器构成的 4 位数码寄存器如图 12-20 所示。

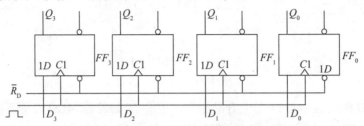

图 12-20 D 触发器构成的 4 位数码寄存器

2. 工作过程

（1）异步清零。无论有无 CP 信号及各触发器处于何种状态，只要 $\overline{R}_D = 0$，各触发器的输出 $Q_3 \sim Q_0$ 均为 0。这一过程称为异步清零。在接收数码之前，通常先清零，即发出清零脉冲，平时不需要异步清零时，应使 $\overline{R}_D = 1$。

（2）送数。当 $\overline{R}_D = 1$，待存数码送至各触发器的 D 输入端，CP 上升沿到来时，各触发器的状态改变，使 $Q_3^{n+1} = D_3$，$Q_2^{n+1} = D_2$，$Q_1^{n+1} = D_1$，$Q_0^{n+1} = D_0$。每当新数据被接收脉冲存入寄存器后，原存的旧数据便被自动刷新。

（3）保持。当 $\overline{R}_D = 1$，且 CP 不为上升沿时，各触发器保持原状态不变。

上述寄存器在输入数码时各位数码同时进入寄存器，取出时各位数码同时出现在输出端，因此这种寄存器为并行输入并行输出寄存器。

12.2.3 移位寄存器

移位寄存器不仅能存储数据，还具有移位的功能。移位功能就是寄存器中所存的数据能在移位脉冲作用下依次左移或右移。因此，移位寄存器采用串行输入数据，可用于存储数据、数据的串行-并行输出转换、数据的运用及处理等。

根据数据在寄存器中移动情况的不同，可把移位寄存器分为单向移位（左移、右移）寄存器和双向移位寄存器。

1. 单向移位寄存器

1）电路组成

用 D 触发器构成的 4 位右移寄存器如图 12-21 所示。图中，CP 是移位脉冲控制端，$\overline{R}_D$ 是异步清零端，D_{SR} 是右移串行数据输入端，Q_3、Q_2、Q_1、Q_0 是并行数据输出端，同时 Q_3 又可作为串行数据输出端。

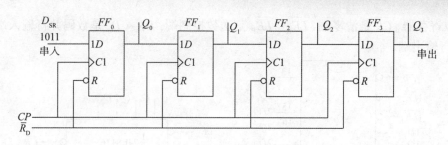

图 12-21 4位右移寄存器

2）工作过程

（1）异步清零。先使 $\overline{R}_D = 0$，清除原数据，$Q_3 Q_2 Q_1 Q_0 = 0000$，然后使 $\overline{R}_D = 1$。

（2）串行输入数码并右移。如将数码"1101"右移串行输入给寄存器。在移位脉冲信号 CP 控制下，经过4个脉冲后，则可在 $Q_3 Q_2 Q_1 Q_0$ 端同时得到"1101"的数据，实现了数据的串行输入并行输出转换。如果再输入4个移位脉冲，则输入数据"1101"逐位从 Q_3 端输出，实现数据的串行输入串行输出的传送。由于数据依次从低位移向高位，即从左向右移动，因此为右移寄存器。4位右移寄存器的逻辑功能表如表12-7所示，其时序图如图12-22所示。

表 12-7 4位右移寄存器的逻辑功能表

输入	输出					功能说明
移位脉冲 CP 顺序	输入 D_{SR}	Q_0	Q_1	Q_2	Q_3	
0	×	0	0	0	0	清零
1	1	1	0	0	0	右移1位
2	1	1	1	0	0	右移2位
3	0	0	1	1	0	右移3位
4	1	1	0	1	1	右移4位

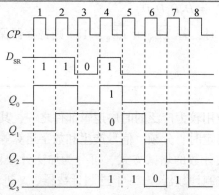

图 12-22 4位右移寄存器的时序图

（3）保持。当 $\overline{R}_D = 1$，且 CP 不为上升沿时，各触发器保持原状态不变，即实现数据的记忆存储功能。

2. 集成寄存器

图12-23为双4位 D 寄存器74LS116的引脚排列图和逻辑符号。此芯片中集成了两个独

立的 4 位寄存器，$\overline{CR}$ 是清零端，$\overline{LE}_A$、$\overline{LE}_B$ 是送数控制端，$D_3 \sim D_0$ 是数码并行输入端，$Q_3 \sim Q_0$ 是并行输出端。

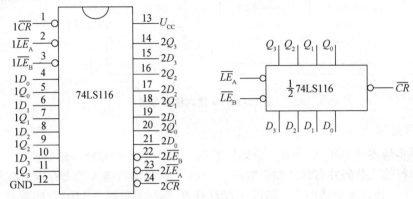

图 12-23　74LS116 的引脚排列图和逻辑符号

74LS116 的逻辑功能表如表 12-8 所示。

表 12-8　74LS116 的逻辑功能表

输入						输出				功能说明
$\overline{CR}$	$\overline{LE}_A + \overline{LE}_B$	D_3	D_2	D_1	D_0	Q_3^{n+1}	Q_2^{n+1}	Q_1^{n+1}	Q_0^{n+1}	
0	×	×	×	×	×	0	0	0	0	清零
1	0	D_3	D_2	D_1	D_0	D_3	D_2	D_1	D_0	送数
1	1	×	×	×	×	保持	保持	保持	保持	保持

74LS116 的功能说明如下。

（1）清零。当 $\overline{CR} = 0$ 时清零，即清零端加负脉冲，寄存器各位置零。

（2）送数。当 $\overline{CR} = 1$ 时，若 $\overline{LE}_A + \overline{LE}_B = 0$，则加在数据输入端 $D_3 \sim D_0$ 的数码存入寄存器中，即 $Q_3^{n+1} Q_2^{n+1} Q_1^{n+1} Q_0^{n+1} = D_3 D_2 D_1 D_0$。

（3）保持。当 $\overline{CR} = 1$ 时，若 $\overline{LE}_A + \overline{LE}_B = 1$，则寄存器保持内容不变。

12.3　计数器

计数器是数字系统中应用较为广泛的时序逻辑部件之一，其基本功能是计数，即累计输入脉冲的个数，此外还具有定时、分频、信号产生和数字运算等功能。

计数器的种类很多，按计数的增减方式，可分为加法计数器、减法计数器和可逆计数器；按计数进制可分为二进制计数器、二-十进制计数器、N 进制计数器等；按计数脉冲的输入方式分类，可分为同步计数器和异步计数器。

12.3.1　二进制计数器

二进制只有 0 和 1 两个数码，其加法运算规则是"逢二进一"。由于 1 个触发器可以表示一位二进制数，如果要表示 N 位二进制数，就要用到 N 个触发器。计数器的编码状态是随着计数脉冲的输入而周期性变化，计数器状态变化周期中的状态个数称为计数器的

"模"，用 M 表示。由 n 个触发器组成，模 $M = 2^n$ 的计数器，称为 n 位计数器。

1. 同步二进制加法计数器

根据计数脉冲是否同时加在各触发器的时钟脉冲输入端，计数器分为异步计数器和同步计数器。同步计数器中，各触发器的翻转与时钟脉冲同步，工作速度较快，工作频率也较高。下面以 3 位同步二进制加法计数器为例，说明其工作原理。

1）逻辑电路

3 位同步二进制加法计数器的逻辑电路如图 12-24 所示。

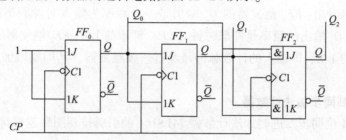

图 12-24　3 位同步二进制加法计数器的逻辑电路

2）工作原理

$J_0 = K_0 = 1$，FF_0 每输入一个时钟脉冲翻转一次；FF_1 在 $Q_0 = 1$ 时，在下一个 CP 触发沿到来时翻转；FF_2 在 $Q_0 = Q_1 = 1$ 时，在下一个 CP 触发沿到来时翻转。

3）逻辑功能表

3 位同步二进制加法计数器的逻辑电路的逻辑功能表如表 12-9 所示。

表 12-9　3 位同步二进制加法计数器的逻辑电路的逻辑功能表

计数脉冲	二进制数			十进制数
	Q_2	Q_1	Q_0	
0	0	0	0	0
1	0	0	1	1
2	0	1	0	2
3	0	1	1	3
4	1	0	0	4
5	1	0	1	5
6	1	1	0	6
7	1	1	1	7
8	0	0	0	0

4）时序图

3 位同步二进制加法计数器的时序图如图 12-25 所示。

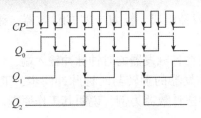

图 12-25　3 位同步二进制加法计数器的时序图

由时序图可以看出：FF_0 触发器的 Q_0 输出是一个频率为输入时钟频率的 1/2 的方波信号，FF_1 触发器的 Q_1 输出的频率是外部时钟（CP）频率的 1/4，FF_2 触发器的 Q_2 输出的频率是外部时钟频率的 1/8，即输入的计数脉冲每经过一级触发器，其周期增加一倍，频率降低一半。

2. 集成二进制同步加法计数器

图 12-26 为 4 位同步二进制加法计数器 74LS161 的引脚排列图和逻辑符号。图中 CO 是向高位进位的输出端，$\overline{CR}$ 是异步清零端，$\overline{LD}$ 是同步置数端，CT_P、CT_T 为使能端，CP 为上升沿触发时钟脉冲，$D_0 \sim D_3$ 为预置数输入端。74LS161 的逻辑功能表如表 12-10 所示。

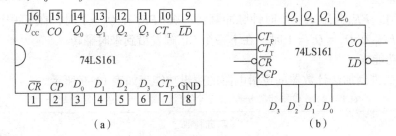

图 12-26　4 位同步二进制加法计数器 74LS161

（a）引脚排列图；（b）逻辑符号

表 12-10　74LS161 的逻辑功能表

序号	输入									输出				功能说明
	$\overline{CR}$	$\overline{LD}$	CT_P	CT_T	CP	D_3	D_2	D_1	D_0	Q_3^{n+1}	Q_2^{n+1}	Q_1^{n+1}	Q_0^{n+1}	
1	0	×	×	×	×	×	×	×	×	0	0	0	0	异步清零
3	1	1	0	1	×	×	×	×	×	Q_3^n	Q_2^n	Q_1^n	Q_0^n	保持
4	1	1	×	0	×	×	×	×	×	Q_3^n	Q_2^n	Q_1^n	Q_0^n	保持
5	1	1	1	1	↑	×	×	×	×	加 1 计数				加 1 计数

从逻辑功能表可以看出该计数器有如下功能。

（1）异步清零。当 $\overline{CR} = 0$ 时，不论有无时钟脉冲 CP 和其他信号输入，计数器被清零。

（2）同步置数。当 $\overline{CR} = 1$，$\overline{LD} = 0$ 时，在输入脉冲 CP 上升沿作用下，并行输入的数据 $D_3D_2D_1D_0$ 被置入计数器。

（3）保持。当 $\overline{CR} = \overline{LD} = 1$ 时，只要 CT_P、CT_T 中有一个为低电平，各触发器的输出状态均保持不变。而 $CT_T = 0$，CO 为 0。

（4）计数。当 $\overline{CR} = \overline{LD} = CT_{T} = CT_{P} = 1$ 时，在时钟脉冲 CP 上升沿到来时，作二进制加法计数，从 0000 计数到 1111。当计数器累加到 1111 时，进位输出端 CO 输出高电平。

12.3.2　十进制计数器

十进制计数器的原理是用 4 位二进制代码表示 1 位十进制数，即由 4 位触发器构成，满足"逢十进一"的进位规律。由前面讨论可知，n 位触发器构成的二进制计数器的计数状态最多有 2^{n} 个，所以一个 4 位二进制计数器的计数状态共有 16 个，要表示十进制的 10 个状态，需要去掉其中的 6 个状态。下面讨论去掉 1010 ~ 1111 这 6 个状态，即 8421BCD 码同步十进制加法计数器。

1. 同步十进制加法计数器

采用 8421BCD 码的同步十进制加法计数器的状态表如表 12-11 所示。可见，若由 0000 状态开始计数，每 10 个脉冲一个循环，即当第 10 个脉冲到来时，又变为 0000，实现了"逢十进一"。同步十进制加法计数器的时序图如图 12-27 所示。

表 12-11　同步十进制加法计数器的状态表

计数脉冲	二进制数				十进制数
	Q_{3}^{n}	Q_{2}^{n}	Q_{1}^{n}	Q_{0}^{n}	
0	0	0	0	0	0
1	0	0	0	1	1
2	0	0	1	0	2
3	0	0	1	1	3
4	0	1	0	0	4
5	0	1	0	1	5
6	0	1	1	0	6
7	0	1	1	1	7
8	1	0	0	0	8
9	1	0	0	1	9
10	0	0	0	0	进位

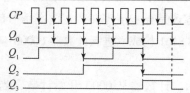

图 12-27　同步十进制加法计数器的时序图

JK 触发器组成的 8421BCD 码同步十进制加法计数器如图 12-28 所示。

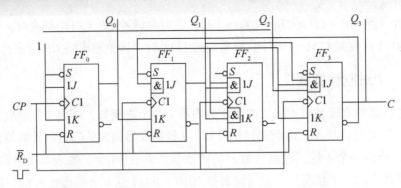

图 12-28　JK 触发器组成的 8421BCD 码同步十进制加法计数器

2. 集成同步十进制加法计数器

74LS160 是集成同步十进制加法计数器。它的引脚排列图、逻辑符号同 74LS161，逻辑功能表也和 74LS161 类似，区别是当 $\overline{CR} = \overline{LD} = CT_T = CT_P = 1$ 时，74LS160 是进行逢 10 计数，即从 0000 计到 1001。当计数器累加到 1001 时，进位输出端 CO 输出高电平。

12.3.3　N 进制计数器

N 进制的计数规则是"逢 N 进一"，N 进制计数器的计数状态每经 N 个脉冲循环一次。获得 N 进制计数器的实用方法是将集成计数器适当改接成任意进制计数器，方法有置数法（或称置位法）和清零法（或称复位法）两种。

1. 置数法

置数法是利用计数器的置数端在计数器计数到某一状态后产生一个置数信号，使计数的状态回到输入数据所代表的状态。

【例 12-5】用置数法将 74LS161 构成六进制计数器（0000→0001→0010→0011→0100→0101）。

解：如图 12-29（a）所示，计数器从 0000 开始计数，当计数至 5(0101) 时，与非门输出低电平，使置数端 $\overline{LD} = 0$。由于 74LS161 的同步置数功能，当下一个脉冲到来后使各触发器置零，完成一个六进制计数循环。

2. 清零法

清零法是利用计数器的清零端在计数器计到某个数时产生一个清零信号，使计数器回到 0 状态。根据计数器是同步清零还是异步清零在产生清零信号的状态上会有所不同。

【例 12-6】用清零法将 74LS161 构成六进制计数器（0000→0001→0010→0011→0100→0101）。

解：如图 12-29（b）所示，计数器从 0000 开始计数，当计至 6 (0110) 时，与非门输出低电平，使清零端 $\overline{CR} = 0$。由于 74LS161 的异步清零功能，计数器立即清零，以致我们还未看到 1010 就已返回至 0000，即 1010 为极短暂的过渡状态。

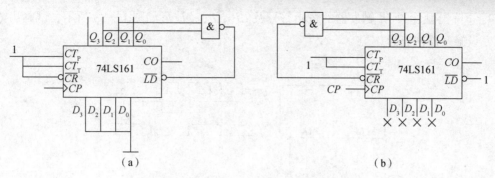

图12-29　用74LS161构成六进制加法计数器

（a）置数法；（b）清零法

由上述两例可知，置数法用第 $N-1$ 个状态产生置零信号；清零法用第 N 个状态产生置零信号。

课堂习题

1. 基本 RS 触发器的逻辑符号和输入波形如图12-30所示，画出 Q 端的波形。

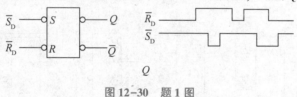

图12-30　题1图

2. 同步 RS 触发器的逻辑符号和输入波形如图12-31所示，设初始状态 $Q=0$，试画出 Q 端的波形。

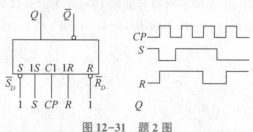

图12-31　题2图

3. 上升沿触发的 D 触发器的逻辑符号及 CP、D 波形如图12-32所示，试画出 Q 的波形，设触发器初态为0。

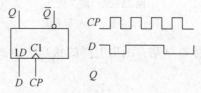

图12-32　题3图

4. 下降沿触发的 JK 触发器的逻辑符号及 CP、J、K 波形如图 12-33 所示，试画出 Q 的波形，设触发器初态为 0。

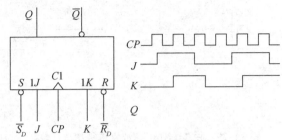

图 12-33　题 4 图

5. 在图 12-34 所示电路中，CP 及 A、B 的波形已给出，试画出 Q 端的波形。

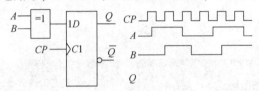

图 12-34　题 5 图

6. 在图 12-35 所示电路中，设各触发器初始状态均为 0 态，在 CP 脉冲作用下，试画出 Q 端的波形。

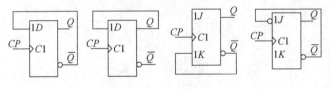

图 12-35　题 6 图

7. 十六进制计数器 74LS161 的逻辑符号如图 12-36 所示，试分别用清零法和置数法设计一个十三进制计数器 ($0000 \rightarrow 0001 \rightarrow 0010 \rightarrow \cdots \rightarrow 1011 \rightarrow 1100 \rightarrow 0000$)。

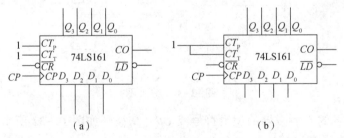

（a）　　　　　　　　　　　（b）

图 12-36　题 7 图

（a）清零法；（b）置数法

8. 分析图 12-37 所示计数器电路，画出电路的状态转换图（按 $Q_3Q_2Q_1Q_0$），说明其是几进制的计数器。

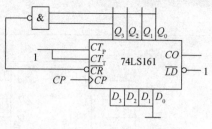

图12-37　题8图

项目实施

一、项目要求

模拟电子蜡烛具有"火柴点火，风吹火熄"的仿真性。

二、实训器材

项目12实训器材如表12-12所示。

表12-12　项目12实训器材

序号	名称	规格	数量
1	电阻	1 kΩ	2
		10 kΩ	3
		100 kΩ	1
		1 MΩ	1
2	可调电阻	100 kΩ	1
3	IC	CD4511	1
4	发光二极管	5 mm	1
5	PNP三极管	9012	2
6	NPN三极管	9013	2
7	驻极体话筒	7×9	1
8	红外线接收管	5 mm	1
9	瓷片电容	102	1
		103	1
		104	2

三、安装调试

电子蜡烛原理图如图12-38所示。

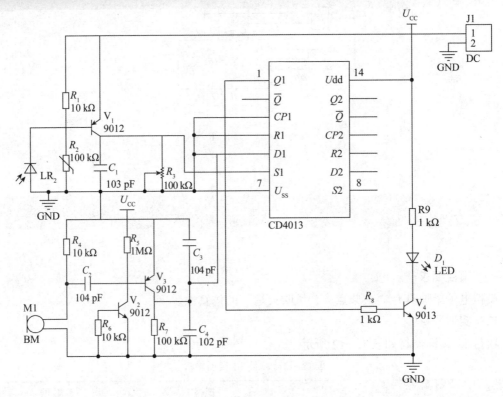

图 12-38 电子蜡烛原理图

按正确方法插好 IC 芯片。电路可以连接在自制的 PCB 上，也可以焊接在万能板上，或者通过万用板插接。实物焊接图如图 12-39 所示。

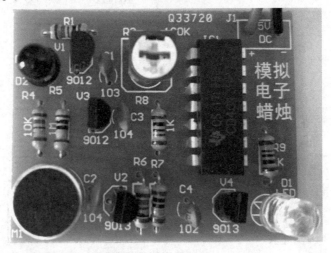

图 12-39 实物焊接图

四、功能验证

（1）火柴点火靠近红外线接收管，观察发光二极管是否点亮。

（2）给驻极体话筒吹风，观察发光二极管是否熄灭。

项目拓展

应用 *RS* 触发器设计三人抢答器并对电路进行调试和故障分析。其中 S 为手动清零控制开关，$S_1 \sim S_3$ 为抢答按钮。当开关 S 被按下时抢答器电路清零，松开后则允许抢答。由抢答 $S_1 \sim S_3$ 实现抢答信号的输入。若有抢答信号输入（开关 $S_1 \sim S_3$ 中的任何一个开关被按下时），与之对应的指示灯被点亮。此时再按其他任何一个抢答开关均无效，指示灯仍"保持"第一个开关按下时所对应的状态不变。按下清零开关 S 后，所有指示灯灭。

项目 13　电子琴的设计与制作

555 定时器是一种数字电路与模拟电路相结合的中规模集成电路，其应用极为广泛，防盗报警电路、门铃、儿童电子琴等都可以通过 555 定时器来实现。本项目将介绍电子琴的设计与制作。

知识储备

13.1　集成 555 定时器概述

集成 555 定时器又称时基电路，它是把模拟电路和数字电路结合在一起的一种中规模集成电路，可产生精确的时间延迟和振荡，内部有 3 个 5 kΩ 的电阻分压器，故称 555 定时器。555 定时器又是一种通用的多功能电路，在波形的产生与变换、测量与控制、家用电器、电子玩具等许多领域中都得到了广泛的应用。

13.1.1　电路结构及工作原理

555 定时器的内部电路如图 13-1 所示，一般由分压器、比较器、触发器和开关及输出四部分组成。

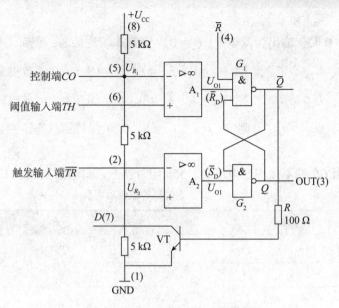

图13-1 555定时器的内部电路

1. 电路结构

1）分压器

分压器由3个等值的5 kΩ电阻串联而成，将电源 U_{CC} 分成三等份，作用是为比较器提供两个参考电压 U_{R1}、U_{R2}。若电压控制端 CO 悬空或通过电容接地，则

$$U_{R1} = \frac{2\,U_{CC}}{3} \qquad U_{R2} = \frac{U_{CC}}{3} \tag{13-1}$$

若控制端 CO 外加控制电压 U_{CO}，则

$$U_{R1} = U_{CO} \qquad U_{R2} = \frac{U_{CO}}{2} \tag{13-2}$$

2）比较器

比较器由两个结构相同的集成运放 A_1、A_2 构成。A_1 用来比较参考电压 U_{R_1} 和高电平触发端电压 U_{TH}：当 $U_{TH} > U_{R_1}$ 时，集成运放 A_1 输出 $u_{A_1} = 0$；当 $U_{TH} < U_{R_1}$ 时，集成运放 A_1 输出 $u_{A_1} = 1$。A_2 用来比较参考电压 U_{R_2} 和低电平触发端电压 U_{TR}；当 $U_{TR} > U_{R_2}$ 时，集成运放 A_2 输出 $u_{A_2} = 1$；当 $U_{TR} < U_{R_2}$ 时，集成运放 A_2 输出 $u_{A_2} = 0$。

3）基本 RS 触发器

其置0端 $\bar{R}_D$ 和置1端 $\bar{S}_D$ 为低电平有效触发。$\bar{R}$ 是低电平有效的复位输入端，正常工作时，必须使 $\bar{R}$ 处于高电平。

4）开关及输出

放电开关由一个晶体管组成，其基极受基本 RS 触发器输出端 $\bar{Q}$ 控制。当 $\bar{Q} = 1$ 时，晶体管导通，放电端通过导体的晶体管为外电路提供放电的通路；当 $\bar{Q} = 0$ 时，晶体管截止，放电通路被截断。输出缓冲器 D_3 用于增大对负载的驱动能力和隔离负载对555集成电路的影响。

2. 工作原理

当复位端 $\bar{R} = 0$ 时，输出为低电平，$Q = 0$，引脚 7 与地接通；正常工作时 $\bar{R} = 1$。

若 $U_{TH} > U_{R_1}$，$U_{TR} > U_{R_2}$，则 $\bar{R}_D = 0$，$\bar{S}_D = 1$，$Q = \text{OUT} = 0$，放电管导通。

若 $U_{TH} < U_{R_1}$，$U_{TR} < U_{R_2}$，则 $\bar{R}_D = 1$，$\bar{S}_D = 0$，$Q = \text{OUT} = 1$，放电管截止。

若 $U_{TH} < U_{R_1}$，$U_{TR} > U_{R_2}$，则 $\bar{R}_D = 1$，$\bar{S}_D = 1$，OUT 保持原状态不变，放电管工作状态保持不变。

综上所述，当 CO 端不接固定电压时，555 定时器的逻辑功能表如表 13-1 所示。

表 13-1　555 定时器的逻辑功能表

输入			输出	
U_{TH}	U_{TR}	$\bar{R}$	OUT	VT
×	×	0	0	导通
$> \dfrac{2U_{CC}}{3}$	$> \dfrac{U_{CC}}{3}$	1	0	导通
$< \dfrac{2U_{CC}}{3}$	$> \dfrac{U_{CC}}{3}$	1	不变	不变
$< \dfrac{2U_{CC}}{3}$	$< \dfrac{U_{CC}}{3}$	1	1	截止

13.1.2　555 电路简介

555 定时器采用双列直插式封装形式，共有 8 个引脚，如图 13-2 所示。

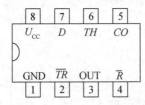

图 13-2　555 电路引脚排列图

其外引脚功能分别如下。

1 端为接地端。

2 端为低电平触发端。当电压控制端 CO 不外接参考电源，此端电位低于 $\dfrac{U_{CC}}{3}$ 时，电压比较器 A_2 输出低电平，反之输出高电平。

3 端为输出端。

4 端为复位端。此端输入低电平可使输出端为低电平，正常工作时应接高电平。

5 端为控制端。此端外接一个参考电源时，可以改变上、下两比较器的参考电平值，无输入时，$U_{CO} = \dfrac{2U_{CC}}{3}$。

6 端为高电平触发端。当电压控制端 CO 不外接参考电源，此端电位高于 $\dfrac{2U_{CC}}{3}$ 时，电压比较器 A_1 输出低电平，反之输出高电平。

7 端为放电端。当 VT 导通时，外电路电容上的电荷可以通过它释放。7 端也可以作为集电极开路输出端。

8 端为电源端。

13.2 集成 555 定时器的应用

集成 555 定时器是一种电路结构简单、使用方便灵活、用途广泛的多功能电路。只要外部配接少数几个阻容元件便可组成施密特触发器、单稳态触发器及多谐振荡器等电路。555 定时器的电源电压范围宽：双极型 555 定时器为 5 ~ 16 V，CMOS555 定时器为 3 ~ 18 V。它可以提供 TTL 与 CMOS 数字电路兼容的接口电平。

13.2.1 单稳态触发器

单稳态触发器只有一个稳定状态（稳态）和一个暂稳定状态（暂稳态）。在外加触发脉冲信号作用下，电路能从稳态翻转到暂稳态，暂稳态维持一段时间后又自动返回到稳态。暂稳态维持时间取决于电路本身的参数。

1. 电路结构

将 555 定时器中放电管的集电极与阈值输入端 TH 接到一起，通过电阻 R 接电源，通过电容 C 接地，触发输入端 $\overline{TR}$ 作为触发信号 u_i 的输入端，其电路如图 13-3 所示。

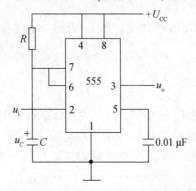

图 13-3　555 定时器构成的单稳态触发器电路

2. 工作原理

当无触发脉冲信号时，输入端 u_i 为高电平电压，直流电源 $+U_{CC}$ 接通以后，经电阻 R 对 C 充电。当电容电压 $u_C > \dfrac{2U_{CC}}{3}$ 时，即 $U_{TH} > \dfrac{U_{CC}}{3}$，而 $U_{TR} > \dfrac{U_{CC}}{3}$，输出 u_o 为低电平电压，同时放电管饱和导通，使电容 C 迅速放电，$u_C \approx 0\,V$，$U_{TH} < \dfrac{2U_{CC}}{3}$，$U_{TR} > \dfrac{U_{CC}}{3}$，电路仍保持原状态，即 u_o 为低电平电压，为单稳态触发器的稳定状态。

当单稳态触发器有触发脉冲信号，即 $u_i = U_{TR} < U_{CC}/3$，且 $U_{TH} < \dfrac{2U_{CC}}{3}$ 时，触发器输出由 0 变为 1，晶体管由导通变为截止，放电端 D 与地断开；直流电源 $+U_{CC}$ 通过电阻 R 向电容 C 充电，电容两端电压按指数规律从零开始增加，电路进入暂稳态，经过一个脉冲宽度 t_p 时间，负脉冲消失，输入端 u_i 恢复为高电平电压，即 $u_i > \dfrac{U_{CC}}{3}$。由于电容两端电压 $u_C > \dfrac{2U_{CC}}{3}$，而 $U_{TH} = u_C < \dfrac{2U_{CC}}{3}$，因此输出保持原状态 1 不变；当电容两端电压 $u_C \geqslant \dfrac{2U_{CC}}{3}$ 时，$U_{TH} = u_C \geqslant \dfrac{2U_{CC}}{3}$，又有 $U_{TR} > \dfrac{U_{CC}}{3}$，输出就由暂稳态 1 自动返回稳定状态 0。如果继续有触发脉冲输入，将重复上面的过程。工作波形如图 13-4 所示。

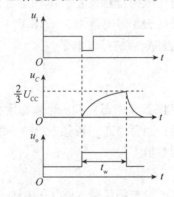

图 13-4 555 定时器构成的单稳态触发器的工作波形

3. 暂稳态时间

暂稳态持续的时间又称输出脉冲宽度，用 t_W 表示。其值取决于电容 C 上的电压 u_C 充电到 $\dfrac{2U_{CC}}{3}$ 时所需用的时间，即

$$t_W = 1.1RC \tag{13-3}$$

由式（13-3）可知，改变 R 或 C 的大小，可以改变输出脉冲宽度 t_W，输出的幅度由 555 定时器决定。所以，输出脉冲的宽度与幅度均与输入信号无关。

【例 13-1】图 13-5 为 555 定时器构成的触摸定时控制开关，试分析其工作原理。

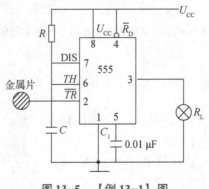

图 13-5 【例 13-1】图

解：图13-5所示电路中555定时器接成一个单稳态触发器，当用手触摸金属片时，由于人体的感应电压，相当于在触发端（2脚）加入一个负脉冲，电路被触发，转入暂稳态，输出高电平，灯泡被点亮。经过一段时间（t_W）后，电路自动返回稳态，输出低电平，灯泡熄灭。

灯泡电路时间为 $t_W \approx 1.1RC$，调节 R、C 的取值，可控制灯泡点亮的时间。

4. 集成单稳态触发器

集成单稳态触发器有不可重复触发型单稳态触发器和可重复触发型单稳态触发器两种。不可重复触发型单稳态触发器一旦被触发进入暂稳态以后，再加入触发脉冲不会影响电路的工作过程，必须在暂稳态结束以后，才能接收下一个触发脉冲而转入暂稳态，如图13-6（a）所示，图13-7（a）为其工作波形。可重复触发型单稳态触发器在电路被触发而进入暂稳态期间，如果再次加入触发脉冲，电路将重新被触发，输出脉冲再继续维持一个宽度，如图13-6（b）所示，图13-7（b）为其工作波形。

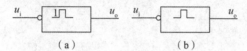

图13-6 集成单稳态触发器的逻辑符号

（a）不可重复触发型；（b）可重复触发型

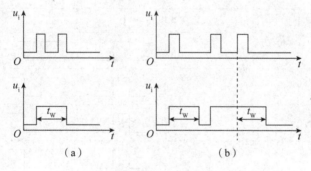

图13-7 集成单稳态触发器的工作波形

（a）不可重复触发型；（b）可重复触发型

不可重复触发型单稳态触发器有74121、74221等，可重复触发型单稳态触发器有74123、74122等。集成单稳态触发器具有价格低廉、性能稳定、使用方便等优点，在数字电路中的应用日益广泛，下面以74121、74221为例进行介绍。

1）74121

TTL集成单稳态触发器74121的引脚排列图和逻辑符号如图13-8所示。A_1、A_2为下降沿有效的触发信号输入端，B为上升沿有效的触发信号输入端；外接电阻 R_{ext}、外接电容 C_{ext} 和内部门电路构成微分型单稳态触发器；Q 和 $\overline{Q}$ 为两个互补的输出端；R_{int} 是内接电阻引出端，使用时与 U_{CC} 相连即可。

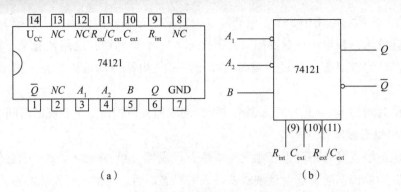

图 13-8　74121 的引脚排列图和逻辑符号

（a）引脚排列图；（b）逻辑符号

集成单稳态触发器 74121 的逻辑功能表如表 13-2 所示。

表 13-2　集成单稳态触发器 74121 的逻辑功能表

输入			输出		说明
A_1	A_2	B	Q	$\overline{Q}$	
0	×	1	0	1	保持稳态
×	0	1	0	1	
×	×	0	0	1	
1	1	×	0	1	
1	↓	1	⊓	⊔	下降沿触发
↓	1	1	⊓	⊔	
↓	↓	1	⊓	⊔	
0	×	↑	⊓	⊔	上升沿触发
×	0	↑	⊓	⊔	

由表 13-2 可见，集成单稳态触发器 74121 的主要功能如下。

若输入端 A_1、A_2、B 任意一个为低电平或 A_1、A_2 同时为高电平，则 74121 的输出保持稳态，即 $Q = 0$，$\overline{Q} = 1$。

在下述情况下，电路由稳态翻转到暂稳态。

（1）下降沿触发翻转：A_1、A_2 至少有一个是下降沿，其余输入为高电平。

（2）上升沿触发翻转：A_1、A_2 至少有一个是低电平，B 为上升沿。

74121 的输出脉冲脉宽 t_W 可按下式进行估算：

$$t_W = 0.7 R_{ext} C_{ext}$$

通常 R_{ext} 的取值为 2 ~ 30 kΩ，C_{ext} 的取值为 10 pF ~ 10 μF，得到 t_W 的范围为 20 ns ~ 200 ms。

使用 74121 内部设置的电阻 R_{int} 取代外接电阻 R_{ext}，可以简化外部接线，但 R_{int} 的阻值约为

2 kΩ，所以在希望得到较宽的输出脉冲时，需要外接电阻。具体接线方法如图13-9所示。

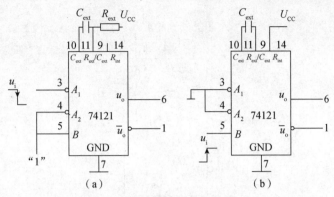

图13-9 74121的外部连接方法

（a）使用外接电阻（下降沿触发）；（b）使用内接电阻（上升沿触发）

2）74221

74221为集成双单稳态触发器，其中每个单稳态触发器单元均具有两个触发输入端 TR_+（正边沿触发端）、TR_-（负边沿触发端），一个清零端 $\overline{R}$（低电平有效），两个互补的输出端 Q 和 $\overline{Q}$。74221的引脚排列图和逻辑符号如图13-10所示。

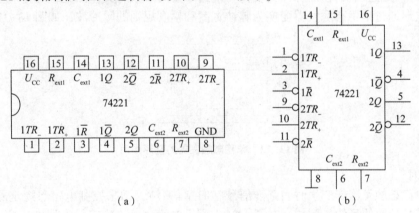

图13-10 74221的引脚排列图和逻辑符号

（a）引脚排列图；（b）逻辑符号

当 TR_- 端接低电平时，可以从 TR_+ 端触发；当 TR_+ 端接高电平时，可以从 TR_- 端触发。经触发后，其输出脉冲的宽度不受触发输入信号的影响，而与外接的定时元件（R_{ext}、C_{ext}）有关，但也可以被 $\overline{R}$ 中止。集成双单稳态触发器74221的逻辑功能表如表13-3所示。

表13-3 集成双单稳态触发器74221的逻辑功能表

输入			输出		说明
$\overline{R}$	TR_-	TR_+	Q	$\overline{Q}$	
0	×	×	0	1	保持稳态
1	0	↑	⊓	⊔	上升沿触发
1	↓	1	⊓	⊔	下降沿触发

74221 的典型接线如图 13-11 所示。图中，外接电容在 C_{ext} 和 R_{ext} 之间，外接电阻在 R_{ext} 和 U_{CC} 之间。

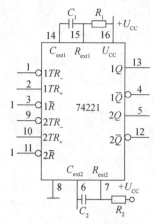

图 13-11　74221 的典型接线

5. 应用举例

1）整形

由于单稳态触发器的输出脉冲宽度仅与电路本身的参数有关，因此，可将一些宽度不规则的脉冲波形通过单稳态触发器变换为脉冲宽度和幅度规则的脉冲波，如图 13-12 所示。

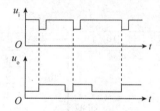

图 13-12　单稳态触发器的整形作用

2）定时

利用单稳态触发器能产生时间基准信号（时基信号），用来控制电路在规定的时间内动作，达到定时控制的目的。例如，在图 13-13 所示电路中，单稳态触发器产生宽度为 1 s 的定时脉冲 u_A，用该定时脉冲控制与门的开放时间，u_B 为矩形脉冲信号，u_o 即为 1 s 内通过的脉冲个数，经计数、译码和显示电路，就可以直接读出 u_B 的频率。

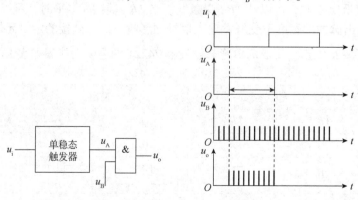

图 13-13　单稳态触发器的定时作用

3) 延时

延时电路一般用两个单稳态触发器构成，如图 13-14 所示。t_1 时刻在单稳态触发器（1）的输入端加一个负脉冲 u_i，经 t_{p1} 后，u_{o1} 在 t_2 时刻得到一个下降沿，触发单稳态触发器（2）。u_{o1} 的脉冲宽度由单稳态触发器（1）决定，u_o 的脉冲宽度由单稳态触发器（2）决定。

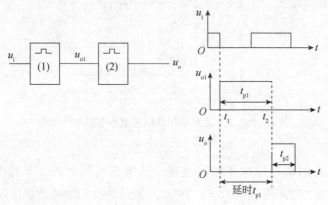

图 13-14　单稳态触发器的延时作用

13.2.2　多谐振荡器

1. 电路结构

将 555 定时器放电管的集电极通过电阻 R_1 接电源 U_{CC}，再通过 R_2、C 与地相接，将阈值输入端与触发输入端直接相连，接于 R_2、C 之间，电路如图 13-15 所示。

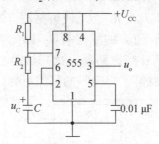

图 13-15　555 定时器构成的多谐振荡器

2. 工作原理

假定零时刻电容初始电压为 0 V，接通电源后，因电容两端电压不能突变，$U_{TH} = U_{TR} = u_C = 0 < \dfrac{U_{CC}}{3}$，输出 u_o 为高电平电压，放电管截止，直流电源通过电阻 R_1、R_2 向电容充电，这时电路处于第一暂稳状态；当电容两端电压 $u_C \geq \dfrac{2U_{CC}}{3}$ 时，$U_{TH} = U_{TR} = u_C \geq \dfrac{2U_{CC}}{3}$，电路状态发生变化，即 u_o 为低电平电压，放电管导通，电容通过电阻 R_2 放电，这时电路为第二暂稳状态；当电容两端电压 $u_C \leq \dfrac{U_{CC}}{3}$ 时，$U_{TH} = U_{TR} = u_C \leq \dfrac{U_{CC}}{3}$，电路状态又发生变化，$u_o$ 为高电平电压，放电管截止，电源通过 R_1、R_2 重新向 C 充电，重复上述过程，其工作波形如图 13-16 所示。

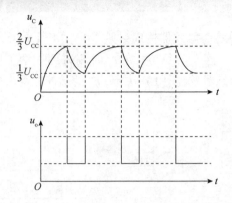

图 13-16 555 定时器构成的多谐振荡器工作波形

3. 振荡周期

该电路输出波形的周期取决于电容充电、放电的时间常数，其充电时间常数为 $t_1 \approx 0.7(R_1 + R_2)C$，放电时间常数为 $t_2 = 0.7R_2C$，因此输出的矩形波振荡周期为

$$T = t_1 + t_2 \approx 0.7(R_1 + 2R_2)C \tag{13-4}$$

振荡频率为

$$f = \frac{1.43}{(R_1 + 2R_2)C} \tag{13-5}$$

可见，改变充放电的时间常数可以改变矩形波的周期 T 和脉冲宽度 t_1。

4. 应用举例

图 13-17 为由两个多谐振荡器构成的模拟声响电路。调节定时元件 R_{11}、R_{12}、C_1 使振荡器（1）的振荡频率为 1 Hz，调节 R_{21}、R_{22}、C_2 使振荡器（2）的振荡频率为 2 kHz。由于振荡器（1）的输出端 3 接到振荡器（2）的复位端 4，因此当振荡器（1）输出电压 u_{o1} 为高电平电压时，振荡器（2）就振荡；当振荡器（1）输出电压 u_{o1} 为低电平电压时，振荡器（2）就停止振荡，从而扬声器便发出"呜呜"的间隙声响。u_{o1} 和 u_{o2} 的波形如图中所示。

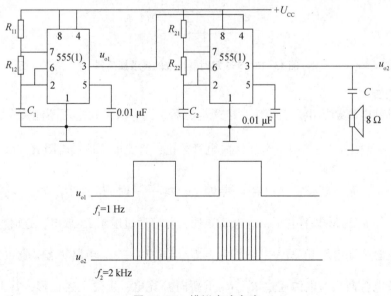

图 13-17 模拟声响电路

【例 13-2】 图 13-18 为简易温控报警电路，试分析电路的工作原理。

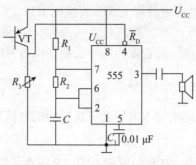

图 13-18 【例 13-2】图

解：在图 13-18 所示电路中，555 定时器构成了一个多谐振荡器。晶体管 VT（3CD8 或 9012）在常温下集电极和发射极之间的穿透电流 I_{CEO} 随温度升高而快速增大。当温度低于设定温度值时，I_{CEO} 较小，使 555 定时器的复位端 $\overline{R}_D$（4 脚）的电位为低电平，振荡电路不工作，多谐振荡器停振，扬声器不发声。

当温度高于设定值时，I_{CEO} 较大，使 555 定时器的复位端 $\overline{R}_D$ 的电位为高电平，振荡电路开始工作，多谐振荡器开始振荡，扬声器发出报警声音。

利用 555 定时器构成多谐振荡器电路控制音频振荡，用扬声器发声报警，可用于火警或热水温度报警，电路简单、调试方便。

【例 13-3】 图 13-19 为用多谐振荡器电路构成的电子双音门铃电路，试分析其工作原理。

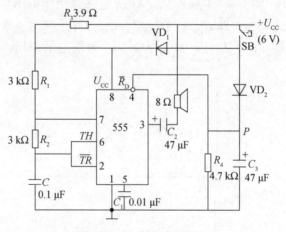

图 13-19 【例 13-3】图

解：在图 13-19 所示的电路中，555 定时器构成了一个多谐振荡器。当按下按钮 SB 时，开关闭合，$+U_{CC}$ 经 VD_2 向 C_3 充电，P 点（4 脚）电位迅速充至 $+U_{CC}$，复位解除；由于 VD_1 将 R_3 旁路，$+U_{CC}$ 经 VD_1、R_1、R_2 向 C 充电，充电时间常数为 $(R_1 + R_2) C$，放电时间常数为 $R_2 C$，多谐振荡器产生高频振荡，扬声器发出高音。

当松开按钮 SB 时，开关断开，由于电容 C_3 储存的电荷经 R_4 放电要维持一段时间，在 P 点电位降至复位电平之前，电路将继续维持振荡。但此时 $+U_{CC}$ 经 R_3、R_2、R_1 向 C 充电，充电时间常数为 $(R_1 + R_2 + R_3) C$，放电时间常数仍为 $R_2 C$，多谐振荡器产生低频振荡，扬声器发出低音。

当电容 C_3 持续放电，使 P 点电位降至 555 复位电平以下时，多谐振荡器停止振荡，扬声器停止发音。

调节相关参数，可以改变高、低音发声频率及低音维持时间。

13.2.3 施密特触发器

施密特触发器可以把不规则的输入波形变成良好的矩形信号。

1. 电路构成

将 555 定时器的阈值输入端 TH 和触发输入端 $\overline{TR}$ 连在一起作为输入信号 u_i 的输入端即可构成施密特触发器，电路如图 13-20 所示。

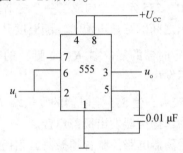

图 13-20　由 555 定时器构成的施密特触发器

2. 工作原理

当 $0 < u_i < U_{CC}/3$，即 $U_{TH} = U_{TR} < U_{CC}/3$ 时，u_o 为高电平电压。

当 $U_{CC}/3 < u_i < 2U_{CC}/3$，即 $U_{TH} < 2U_{CC}/3$，$U_{TR} > U_{CC}/3$ 时，输出 u_o 保持不变。

当 $u_i > 2U_{CC}/3$，即 $U_{TH} = U_{TR} > 2U_{CC}/3$ 时，u_o 为低电平电压，输出波形如图 13-21 所示。

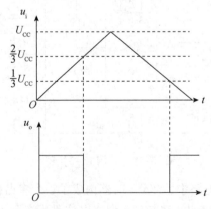

图 13-21　由 555 定时器构成的施密特触发器的工作波形

从图 13-20 和图 13-21 可以看出，其逻辑功能如同一个反相器，但与反相器不同之处是其输入、输出电压之间的关系（传输特性）有回差。

图 13-22 为施密特触发器的传输特性曲线。图中 U_{T+} 称为上触发电平，U_{T-} 称为下触发电平。U_{T+} 与 U_{T-} 的差值称为回差，即

$$\Delta U_T = U_{T+} - U_{T-} = \frac{2U_{CC}}{3} - \frac{U_{CC}}{3} = \frac{U_{CC}}{3} \tag{13-6}$$

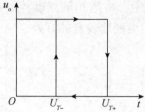

图 13-22　施密特触发器的传输特性曲线

除了 555 定时器可构成施密特触发器外，集成运算放大器、TTL 和 CMOS 门电路，都可以组成施密特触发器。施密特触发器的逻辑符号如图 13-23 所示。

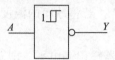

图 13-23　施密特触发器的逻辑符号

3. 应用举例

利用施密特触发器的回差特性，可对波形进行变换、整形、幅度鉴别等。

1）波形变换

利用回差特性，可将缓慢变换的正弦波、三角波等变换为边沿很陡的矩形波。

2）波形整形

在数字电路中，矩形脉冲经传输后往往发生波形畸变，图 13-24 给出了两种常见的情况。

当传输线上电容较大时，波形的上升沿和下降沿将明显变坏，如图 13-24（a）所示。当传输线较长，且接收端的阻抗与传输线的阻抗不匹配时，在波形的上升沿和下降沿将产生振荡现象，如图 13-24（b）所示。无论出现上述哪一种情况，都可以通过施密特触发器整形而获得比较理想的矩形脉冲波。由图可见，只要施密特触发器的 U_{T+} 和 U_{T-} 设置合适，均能得到满意的整形效果。

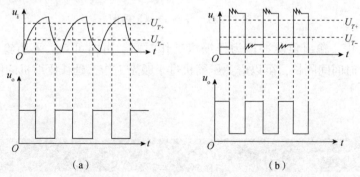

图 13-24　用施密特触发器对脉冲进行整形

3）脉冲鉴幅

利用施密特触发器的状态取决于电平幅度的特点，可以将幅度不等的一串脉冲信号送入施密特触发器的输入端，幅度大于 U_{T+} 的脉冲才会在输出端产生输出信号，即将幅度大于

U_{T+} 的脉冲选出，具有幅度鉴别能力。

【例 13-4】图 13-25（a）为冰箱中的温度控制系统。设传感器的输出为 1 V/℃，传感器的输出波形如图 13-25（b）所示，将冰箱的温度控制在 4~6 ℃。试分析电路的工作原理，并说明采用施密特触发器作为温度比较器的好处。

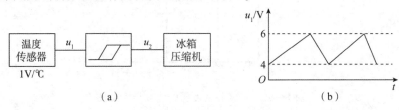

图 13-25 【例 13-4】图
（a）温度控制系统；（b）波形图

解：由于传感器的输出为 1 V/℃，若将冰箱的温度控制在 4~6 ℃，则施密特触发器的 U_{T+} = 6 V，U_{T-} = 4 V。

故当 u_1 < 4 V 时，施密特触发器输出高电平，即 u_2 = 1，冰箱压缩机不工作。

当 4 V ≤ u_1 < 6 V 时，施密特触发器保持原来的状态，输出仍为高电平，即 u_2 = 1，冰箱压缩机不工作。

当 u_2 ≥ 6 V 时，施密特触发器输出低电平，即 u_2 = 0，冰箱压缩机工作，使温度迅速降低，传感器输出电压随着降低。当温度降低到使 u_1 < 4 V 时，施密特触发器又输出高电平，即 u_2 = 1，冰箱压缩机停止工作。如此交替，施密特触发器输出波形如图 13-26 所示，在 u_2 低电平期间，冰箱压缩机工作。

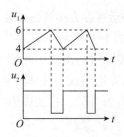

图 13-26 【例 13-4】题图

在图 13-26 中，输出负脉冲段为压缩机工作时间。由图可知，采用施密特触发器后，冰箱压缩机启动时间间隔长，可以避免压缩机过于频繁工作，延长压缩机的使用寿命，同时减少噪声。

课堂习题

一、选择题

1. 多谐振荡器可产生（　　）。

A. 正弦波　　　　B. 矩形脉冲　　　　C. 三角波　　　　D. 锯齿波

2. 能把缓慢变化的输入信号转换成矩形波的电路是（　　　）。

A. 单稳态触发器　　　B. 多谐振荡器　　　　C. 施密特触发器　　　D. 边沿触发器

3. 脉冲整形电路有（　　　）。

A. 单稳态触发器　　　B. 多谐振荡器　　　　C. 施密特触发器　　　D. 555 定时器

4. 把正弦波变换为同频率的矩形波，应选择（　　　）电路。

A. 单稳态触发器　　　B. 多谐振荡器　　　　C. 施密特触发器　　　D. 基本 RS 触发器

5. 一个用 555 定时器构成的单稳态触发器的脉冲宽度为（　　　）。

A. $0.7RC$　　　　　B. $1.4RC$　　　　　C. $1.1RC$　　　　　D. $1.0RC$

6. 555 定时器可以组成（　　　）。

A. 单稳态触发器　　　B. 多谐振荡器　　　　C. 施密特触发器　　　D. JK 基本触发器

7. 用 555 定时器构成施密特触发器，若电源电压为 6 V，控制端不外接固定电压，则其上限阈值电压、下限阈值电压和回差电压分别为（　　　）。

A. 2 V、4 V、2 V　　　B. 4 V、2 V、2 V　　　C. 4 V、2 V、4 V　　　D. 6 V、4 V、2 V

8. 用 555 定时器构成施密特触发器，当输入控制端 CO 外接 10 V 电压时，回差电压为（　　　）。

A. 3.3 V　　　　　　B. 5 V　　　　　　　C. 6.66 V　　　　　　D. 10 V

二、填空题

1. 施密特触发器有_____个稳定状态，多谐振荡器有_____个稳定状态。

2. 单稳态触发器具有一个_____和一个_____。

3. 要将缓慢变化的三角波信号转换为矩形波，则采用_____。

4. 施密特触发器具有_____现象，又称_____特性；单稳态触发器最重要的参数为_____。

5. 多谐振荡器也称_____发生器，与其他触发器不同的是，多谐振荡器没有稳态，但有两个_____态。

三、综合题

1. 图 13-27（a）为 555 定时器构成的施密特触发器，已知电源电压 U_{CC} = 12 V。

（1）电路的 U_{T+}、U_{T-} 和 ΔU_T 各为多少？

（2）如果输入电压波形如图 13-27（b）所示，试画出输出 u_o 的波形。

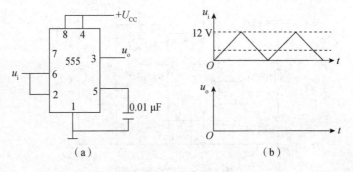

图 13-27　综合题 1 图

(a) 电路；(b) 工作波形

2. 图 13-28 (a) 为 555 定时器构成的施密特触发器，已知电源电压 $U_{CC}=12\ V$，控制端接至 + 6 V。

(1) 电路的 U_{T+}、U_{T-} 和 ΔU_T 各为多少？

(2) 如果输入电压波形如图 13-28 (b) 所示，试画出输出 u_o 的波形。

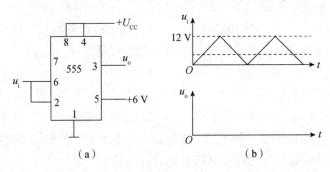

图 13-28 综合题 2 图

3. 图 13-29 为 555 定时器构成的多谐振荡器，已知 $R_1=R_2=4.7\ k\Omega$，$C=0.1\ \mu F$，试估算该电路的振荡频率。

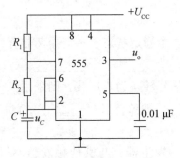

图 13-29 综合题 3 图

4. 图 13-30 为一个防盗报警电路，a、b 两端被一细铜丝接通，此铜丝置于认为盗窃者必经之处。当盗窃者闯入室内将铜丝碰断后，扬声器即发出报警声。试问 555 定时器应接成何种电路？说明本报警器的工作原理。

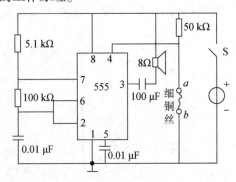

图 13-30 综合题 4 图

5. 图 13-31 为一简易触摸开关电路，当手摸金属片时，发光二极管亮，经过一段时间，发光二极管熄灭。试说明其工作原理，并估算发光二极管能亮多长时间。

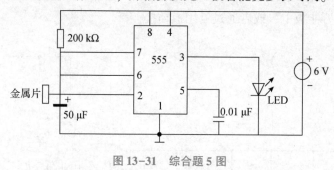

图 13-31 综合题 5 图

项目实施

一、项目要求

制作电子琴。要求用手指分别按动不同的 8 个按键，可以产生不同的音阶。

二、实训器材

项目 13 实训器材如表 13-4 所示。

表 13-4 项目 13 实训器材

序号	名称	规格	数量
1	电阻	10 kΩ	1
		2 kΩ	7
		1 kΩ	2
2	瓷片电容	104	3
3	电解电容	4.7 μF	1
4	扬声器	0.5 W/8 Ω	1
5	按键	12×12×7.3	8
6	按键帽	/	8
7	IC	NE555	1
8	IC 插座	8P	1
9	接线座	KF301-2	1

三、安装调试

电子琴原理图如图 13-32 所示，按正确方法插好 IC 芯片。电路可以连接在自制的 PCB 上，也可以焊接在万能板上，或者通过万能板插接。

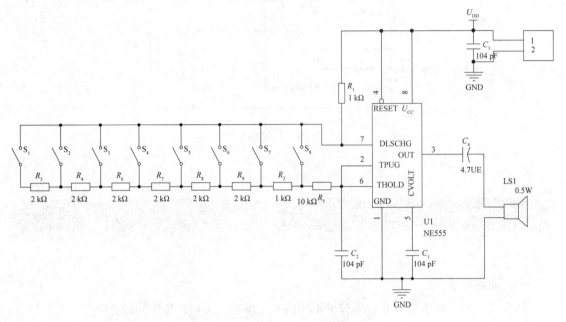

图 13-32　电子琴原理图

原理图中 NE555 被连接成一个振荡器，振荡器的频率由电路的不同电阻决定，所以不同按键便会发出不同的声音。电阻 $R_2 \sim R_9$ 为振荡器的选择，它们与电阻 R_1、电容 C_2 和 555 组成 9 种不同的振荡频率。选频信号由按键开关 $S_1 \sim S_8$ 控制，555 音频的输出会在扬声器端发出声音。操作时，按下琴键，电子琴发出连续响亮的声音，依次按下不同的按键开关，便可奏出美妙的音乐。

四、功能验证

通电后，分别按下 8 个按键中的任意一个，仔细听不同按键对应产生的不同音阶。

项目拓展

利用 NE555 设计叮咚门铃电路。

设计要求：开关 S 是门上的按钮开关，利用开关 S 的闭合和断开产生两种不同的频率从而使扬声器发出"叮""咚"两种不同的声音。完成叮咚门铃的逻辑电路设计及电路的制作和功能测试。

可提供的主要元器件清单如表 13-5 所示。

表13-5　主要元器件清单

序号	名称	规格	序号	名称	规格
1	电阻	22 kΩ	4	电容	4.7 μF
		47 kΩ			50 μF
		30 kΩ			0.05 μF
2	扬声器	0.25 W/8 Ω	5	二极管	1N4148
3	按钮	12×12×7.3	6	IC	NE555

附　录

附录 A　部分半导体器件的参数

一、二极管

型号	参数		
	最大整流电流 I_{OM}/mA	最大整流电流时的正向压降 U_F/V	反向工作峰值电压 U_{RWM}/V
2AP1	16		20
2AP2	16		30
2AP3	25		30
2AP4	16	≤1.2	50
2AP5	16		75
2AP6	12		100
2AP7	12		100
2CZ52A			25
2CZ52B			50
2CZ52C			100
2CZ52D			200
2CZ52E	100	≤1	300
2CZ52F			400
2CZ52G			500
2CZ52H			600

续表

型号	参数		
	最大整流电流 I_{OM}/mA	最大整流电流时的正向压降 U_F/V	反向工作峰值电压 U_{RWM}/V
2CZ55A	1000	≤1	25
2CZ55B			50
2CZ55C			100
2CZ55D			200
2CZ55E			300
2CZ55F			400
2CZ55G			500
2CZ55H			600
2CZ56A	3000	≤0.8	25
2CZ56B			50
2CZ56C			100
2CZ56D			200
2CZ56E			300
2CZ56F			400
2CZ56G			500
2CZ56H			600

二、晶体管

型号	参数				
	电流放大系数 β	穿透电流 I_{CEO}/mA	集电极最大允许电流 I_{CM}/mA	集电极最大允许耗散功率 P_{CM}/mW	集-射极反向击穿电压 $U_{(BR)CEO}/V$
3AX31A	30～200	≤1 000	125	125	≥12
3AX31B	50～150	≤750			≥18
3AX31C	50～150	≤500			≥25
3DG100A	25～270	≪0.1	20	100	15
3DG100B	25～270				20
3DG100C	25～270				20
3DG100D	25～270				30

附录 B　常用半导体集成电路的型号和参数

▶▶ 一、运算放大器

参数	类型及型号				
	通用型	高精度型	高阻型	高速型	低功耗型
	CF741（F007）	CF7650	CF3140	CF715	CF3078C
电源电压 $\pm U_{CC}(U_{DD})$/V	±15	±5	±15	±15	±6
开环差模电压增益 A_{uo}/dB	106	134	100	90	92
输入失调电压 U_{IO}/mV	1	$\pm 7 \times 10^{-4}$	5	2	1.3
输入失调电流 I_{IO}/nA	20	5×10^{-4}	5×10^{-4}	70	6
输入偏置电流 I_{IB}/nA	80	1.5×10^{-3}	10^{-2}	400	60
最大共模输入电压 U_{ICM}/V	±15	+2.6 −5.2	+12.5 −15.5	±12	+5.8 −5.5
最大差模输入电压 U_{IDM}/V	±30		±8	±15	±6
共模抑制比 K_{CMR}/dB	90	130	90	92	110
输入电阻 r_i/MΩ	2	10^6	1.5×10^6	1	/

▶▶ 二、三端集成稳压器

参数	类型					
	W7805	W7815	W7820	W7905	W7915	W7920
输出电压 U_o/V	5±5%	15±5%	20±5%	−5±5%	−15±5%	−20±5%
输入电压 U_i/V	10	23	28	−10	−23	−28
电压最大调整率 S_u/mV	50	150	200	50	150	200
静态工作电流 I_o/mA	6	6	6	6	6	6
输出电压温漂 S_T/(mV·℃$^{-1}$)	0.6	1.8	2.5	−0.4	−0.9	−1
最小输入电压 U_{imin}/V	7.5	17.5	22.5	−7	−17	−22
最大输入电压 U_{imax}/V	35	35	35	−35	−35	−35
最大输出电流 I_{omax}/A	1.5	1.5	1.5	1.5	1.5	1.5

附录 C　常用集成电路芯片引脚排列图

型号	引脚排列图	功能说明
74LS00		$Y=\overline{AB}$ 四2输入正与非门
74LS03		$Y=\overline{AB}$ 集电极开路输出的四2输入正与非门
74LS04		$Y=\overline{A}$ 六反相器
74LS08		$Y=AB$ 四2输入正与门

型号	引脚排列图	功能说明
74LS10	U_{CC} 1C 1Y 3C 3B 3A 3Y 14 13 12 11 10 9 8 74LS10 1 2 3 4 5 6 7 1A 1B 2A 2Y GND	$Y=\overline{ABC}$ 三 3 输入正与非门
74LS11	U_{CC} 1C 1Y 3C 3B 3A 3Y 14 13 12 11 10 9 8 74LS11 1 2 3 4 5 6 7 1A 1B 2A 2B 2C 2Y GND	$Y=ABC$ 三 3 输入正与门
74LS20	U_{CC} 2D 2C NC 2B 2A 2Y 14 13 12 11 10 9 8 74LS20 1 2 3 4 5 6 7 1A 1B NC 1C 1D 1Y GND	$Y=\overline{ABCD}$ 双 4 输入正与非门
74LS21	U_{CC} 2D 2C NC 2B 2A 2Y 14 13 12 11 10 9 8 74LS21 1 2 3 4 5 6 7 1A 1B NC 1C 1D 1Y GND	$Y=ABCD$ 双 4 输入正与门

型号	引脚排列图	功能说明
74LS32		$Y=A+B$ 四 2 输入正或门
74LS48		BCD–七段译码器 74LS48 是具有内部上拉电阻的 BCD–七段译码器/驱动器。输出高电平有效，其中，A、B、C、D 是输入端，a、b、c、d、e、f 是输出
74LS51		$Y=\overline{AB+CD}$ 与或非门
774LS74		双 D 型正边沿触发器

型号	引脚排列图	功能说明
74LS86	U_{CC} 4B 4A 4Y 3B 3A 3Y 14 13 12 11 10 9 8 =1 =1 74LS86 =1 =1 1 2 3 4 5 6 7 1A 1B 1Y 2A 2B GND	$Y = A \oplus B$ 四 2 输入异或门
74LS90	CP_1 14 13 12 11 10 9 8 A NC Q_A Q_D GND Q_B Q_C 74LS90 B R_{01} R_{02} NC U_{CC} R_{91} R_{92} 1 2 3 4 5 6 7 CP_2	四位十进制计数器（2、5 分频） 各有两个置"0"（R_{01}、R_{02}）和置"9"（R_{91}、R_{92}）输入端，有两个计数输入端 A 和 B，$Q_A \sim Q_D$ 为输出。若从 A 端输入计数脉冲，将 Q_A 与 B 短接，则组成十进制计数器（分频器）；若从 B 端输入计数脉冲，把 Q_D 与 A 短接，则组成二-五混合进制计数器（或五分频器）
74LS112	16 15 14 13 12 11 10 9 U_{CC} $\overline{1R_D}$ $\overline{2R_D}$ 2CP 2K 2J $\overline{2S_D}$ 2Q 74LS112 1CP 1K 1J $\overline{1S_D}$ 1Q $\overline{1Q}$ $\overline{2Q}$ GND 1 2 3 4 5 6 7 8	双 J–K 负边沿触发器 （带预置和清除端）
74LS125	14 13 12 11 10 9 8 U_{CC} 4EN 4A 4Y 3EN 3A 3Y 74LS125 1EN 1A 1Y 2EN 2A 2Y GND 1 2 3 4 5 6 7	$Y = A$ 三态输出的四总线缓冲门 EN 为高时禁止

型号	引脚排列图	功能说明
74LS138	输出 16 15 14 13 12 11 10 9 U_{CC} $\overline{Y_0}$ $\overline{Y_1}$ $\overline{Y_2}$ $\overline{Y_3}$ $\overline{Y_4}$ $\overline{Y_5}$ $\overline{Y_6}$ 74LS138 A_0 A_1 A_2 $\overline{S_2}$ $\overline{S_3}$ S_1 $\overline{Y_7}$ GND 1 2 3 4 5 6 7 8 选择　　　允许　　输出	3 线-8 线译码器/分配器 包含 3 个允许输入端 S_1、$\overline{S_2}$、$\overline{S_3}$，可对 8 条线中任意一条进行译码，这取决于 3 个二进制选择输入端 A_0、A_1、A_2 和 3 个允许输入端 S_1、$\overline{S_2}$、$\overline{S_3}$ 的状态
74LS153	选通 选择　　数据输入　　输出 16 15 14 13 12 11 10 9 U_{CC} $\overline{2G}$ A_0 $2D_3$ $2D_2$ $2D_1$ $2D_0$ Y_2 74LS153 $\overline{1G}$ A_1 $1D_3$ $1D_2$ $1D_1$ $1D_0$ Y_1 GND 1 2 3 4 5 6 7 8 选通 选择　　数据输入　　输出	双 4 线-1 线数据选择器/多路开关
74LS160	输出 16 15 14 13 12 11 10 9 U_{CC} 串行进位输出 Q_A Q_B Q_C Q_D 允许 置入 T 74LS160 $\overline{R_D}$ CP A B C D 允许 P GND 1 2 3 4 5 6 7 8 数据输入	4 位同步计数器 （十进制，直接清除）
74LS180	14 13 12 11 10 9 8 U_{CC} B_5 B_4 B_3 B_2 B_1 B_0 74LS180 B_6 B_7 P_E P_O E O GND 1 2 3 4 5 6 7	9 位奇/偶校验器/发生器

续表

型号	引脚排列图	功能说明
74LS183	输入 输出 输出 14 13 12 11 10 9 8 U_{CC} $2A$ $2B$ $2C_n$ $2C_{n-1}$ NC $2S_n$ 74LS183 $1A$ NC $1B$ $1C_n$ $1C_{n-1}$ $1S_n$ GND 1 2 3 4 5 6 7 输入 输入 输出	双保留进位全加器 74LS183 全加器每一位有一个单独的进位输出，它可在多输入保留进位方法中使用，能在不大于两级门的延时内产生真和、真进位输出
74LS175	16 15 14 13 12 11 10 9 U_{CC} $4Q$ $\overline{4Q}$ $4D$ $3D$ $\overline{3Q}$ $3Q$ CP 74LS175 $\overline{R_D}$ $1Q$ $\overline{1Q}$ $1D$ $2D$ $\overline{2Q}$ $2Q$ GND 1 2 3 4 5 6 7 8	四 D 型触发器 （互补输出，共用时钟和清零端）
74LS194	时钟 16 15 14 13 12 11 10 9 U_{CC} Q_A Q_B Q_C Q_D CP S_1 S_0 74LS194 $\overline{R_D}$ R A B C D L GND 1 2 3 4 5 6 7 8 清除 右移 并行输入 左移 串行 串行 输入 输入	4 位双向通用移位寄存器
74LS192	输入 数据 输出 数据输入 输入 清除 借位 进位 置入 16 15 14 13 12 11 10 9 U_{CC} A CR $\overline{B_O}$ $\overline{C_O}$ $\overline{LD}$ C D 74LS192 减法加法 B Q_B Q_A CP_D CP_U Q_C Q_D GND 1 2 3 4 5 6 7 8 数据 输出 输入 输出 输入	同步双时钟加/减计数器

型号	引脚排列图	功能说明
555 时基电路		用作电路中的延时器件、触发器或起振元件
七段数码显示器		用于显示数字和字母
CC4001		$Y=\overline{A+B}$ 四 2 输入或非门（CMOS）
CC4011		$Y=\overline{AB}$ 四 2 输入与非门（CMOS）

型号	引脚排列图	功能说明
CC4013	 14 13 12 11 10 9 8 U_{CC} $2Q$ $\overline{2Q}$ CP_2 R_{D2} D_2 S_2 CC4013 $1Q$ $\overline{1Q}$ CP_1 R_{D1} D_1 S_1 GND 1 2 3 4 5 6 7	双 D 型触发器（CMOS）
CC4024	 14 13 12 11 10 9 8 U_{CC} Q_1 Q_2 Q_3 CC4024 CP R Q_7 Q_6 Q_5 Q_4 GND 1 2 3 4 5 6 7	七级二进制脉动计数器（CMOS）
CC4511	 16 15 14 13 12 11 10 9 U_{CC} f g a b c d e CC4511 B C $\overline{LT}$ $\overline{BI}$ LE D A GND 1 2 3 4 5 6 7 8	BCD–七段锁存/译码/驱动（CMOS）
CC4518	 16 15 14 13 12 11 10 9 U_{CC} $2R$ $2Q_4$ $2Q_3$ $2Q_2$ $2Q_1$ EN_2 CP_2 CC4518 CP_1 EN_1 $1Q_1$ $1Q_2$ $1Q_3$ $1Q_4$ $1R$ GND 1 2 3 4 5 6 7 8	双 BCD 加法计数器（CMOS）

参 考 文 献

[1] 杨迎新，费冬妹，安春燕，等. 电工电子技术基础 [M]. 武汉：华中科技大学出版社，2015.

[2] 龚富林，宗祥娟，龙杰明，等. 电路与磁路 [M]. 北京：中国轻工业出版社，1993.

[3] 邱关源. 电路 [M]. 5版. 北京：高等教育出版社，2006.

[4] 秦曾煌. 电工学（上册电工技术）[M]. 7版. 北京：高等教育出版社，2009.

[5] 唐介. 电工学（少学时）[M]. 5版. 北京：高等教育出版社，2020.

[6] 张绪光. 电路与模拟电子技术 [M]. 北京：北京大学出版社，2009.

[7] 江缉光. 电路原理（上册）[M]. 2版. 北京：清华大学出版社，2007.

[8] 刘介才. 工厂供电 [M]. 4版. 北京：机械工业出版社，2010.

[9] 秦曾煌. 电工学简明教程 [M]. 2版. 北京：高等教育出版社，2008.

[10] 王文槿，张绪光. 电工技术 [M]. 北京：高等教育出版社，2003.

[11] 曹建林，孙玲. 电工学 [M]. 2版. 北京：高等教育出版社，2010.

[12] 易沅屏. 电工学 [M]. 2版. 北京：高等教育出版社，2010.

[13] 华成英，童诗白. 模拟电子技术基础 [M]. 4版. 北京：高等教育出版社，2006.

[14] 黄文娟，陈亮. 电工电子技术项目教程 [M]. 北京：机械工业出版社，2013.

[15] 宁慧英. 数字电子技术与应用项目教程 [M]. 北京：机械工业出版社，2013.

[16] 坚葆林. 电工电子技术与技能 [M]. 北京：机械工业出版社，2010.